KB159146

누구나 재배할 수 있는 텃밭채소

무 · 배추

국립원예특작과학원 著

21세기사

contents 무

—

contents 배추

DAIKON

・재배 기술

하우스 재배

터널 재배

노지 여름무 재배

월동무 재배

열무 출하용 단 묶음

알타리무 단 묶음 광경

- **주요 생리 장애**

무잎의 칼리 결핍 증상

석회 결핍

붕소 결핍으로 나타난 표피의 부스럼

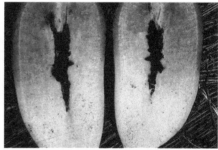

뿌리 속 흑변 현상

뿌리터짐(열근)

가랑이무(기근)

균열 갈변된 무의 모습

적심증의 말기 증상

무 뿌리의 공동 증상

불 추대(좌) 및 추대(우) 품종

염류해

•무의 주요 병해

무의 위황병 병징

무 시들음병 병징

바이러스 피해

무사마귀병

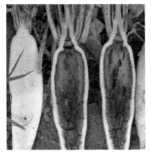

흑부병

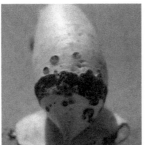

더뎅이병

창가병

• 주요 해충

배추좀나방 유충

배추좀나방 피해

배추흰나비 유충

벼룩잎벌레

파밤나방 유충

무잎벌 유충

chapter 1

무의 재배
현황과 특성

01

재배 현황

무는 우리나라 주요 반찬인 김치의 주재료로 이용되고 있는 채소다. 재배 면적이 전체 채소 면적의 약 8% 내외(2011년 기준)로 채소 중 생산액이 높은 소득 작물 중하나이다. 무의 원산지는 지중해 연안에서 흑해에 이르는 지역이며, 이집트에서는 기원전 2000년 이전부터 재배되었을 것으로 추정된다. 무는 재배 역사가 오래된 작물 중에 하나이다. 지중해 연안과 중국을 2차 중심지로 전 세계로 전파되었으며, 우리나라에는 기원전에 도입되었을 것으로 추정되고 있다. 무는 비교적 서늘한 기후를 좋아하고 극심한 더위나 추위에는 약한 편이다. 무는 재배 기술의 향상, 우수한 품종, 농자재의 발달로 연중 생산 및 공급이 가능하나 계절별 재배 작형에 따라 생산량의 차이가 있다.

채소류 중에 무는 우리의 식단에서 빠질 수 없는 부식거리로, 김치 및 깍두기의 주원료이다. 조림 및 국거리, 무말랭이, 시래기 등 부위에 따라 여러 용도로 이용되고 있다. 채소 전체 재배 면적 225천ha 중, 무는 재배 면적이 20천ha로서 약 9%를 차지하고 있다(2015년 기준). 생산량은 1.25백만t이며, 총 채소 생산량 9.0조억 원의 4.9%인 4.4천억 원으로 채소 작물 중 6번째 생산액을 차지한다. 무의 재배 면적은 1960년대 초반에는 전체 채소 면적의 30% 정도까지 차지한 적도 있었으나, 현재는 9% 내외로 재배 면적이 감소하고 있다. 무의 재배 면적이 감소하는 원인은 무엇보다도 국민의 식생활 변화에 따른 김치의 소비 감소를 이유로 들 수 있다. 그리고 단위 면적당 생산량이 증가하여, 줄어든 수요에 비해 공급이 많아 과잉 생산으로 인하여 가격 폭락이 빈번하게 발행한 것도 재배 면적 감소의 이유이다. 또한 농촌 환경의 변화에 따른 생산성 악화, 타 작물보다 수익성이 떨어지는 점 등이 재배 면적의 감소를 부른 것으로 판단된다.

가. 국내 생산 현황

무는 재배 기술의 발달로 연중 생산이 가능하여 1년 내내 파종·수확하고 있으나, 노지에서 주로 재배되어 기상에 따른 영향을 많이 받고 작형마다 생산량의 변동이 크다. 작형별 최근 5년간(2011~2015) 재배 면적을 살펴보면 평년 평균은 봄무가 6,879ha로 34.2%, 고랭지무는 1,981ha로 9.9%, 가을무는 5,769ha로 28.7%, 월동무는 5,477ha로 27.2%를 차지하고 있다. 재배 형태별 무 재배 면적은 노지 재배가 20,398ha, 시설 재배가 1,016ha로 약 95%의 무가 노지에서 생산되고 있다(2015년 기준).

무의 재배 면적은 가격 등락에 따라 증감을 반복하는 가운데 2000년 약 40,500ha를 정점으로 계속하여 감소하는 추세이며 최근 5년간 평년 전체 재배 면적은 약 21,600ha이다. 시설무의 재배 면적은 1988년 이래로 꾸준히 증가하였으나 2000년 6,697ha를 정점으로 계속 감소하는 추세이며 2015년 재배 면적은 1,016ha이다. 재배 작형에 따른 재배 면적의 변화를 살펴보면, 가을무는 1981년도의 17.0% 수준으로 가장 큰 감소를 보였다. 봄무는 1981년도 대비 49.2% 수준이며 고랭지무는 1981년도 대비 67.8% 수준으로 감소 추세를 보였다.

최근 월동무의 재배가 활발해지면서 2000년대 후반(2009~2011)에는 월동무가 12월부터 다음해 6월까지 출하되었다. 특히 1~5월까지 겨울철 무 거래는 월동무가 대부분을 차지하고 있다. 월동무 출하기간이 길어짐에 따라 가을무의 저장 비중이 축소되었고, 4월부터 출하되던 봄무와 이후 준고랭지 1기작 무의 출하 시기가 늦춰졌으며, 봄무의 경우 월동무와 출하 시기가 겹치고 있다. 따라서 2000년대 후반까지 무 전체 재배 면적의 약 50%를 차지하던 봄무의 재배는 2009년 이후 비중이 급격히 감소하여 2015년 전체 무 재배 면적의 34.2% 정도를 차지하고 있다. 2015년 가을무는 전체 무 재배 면적의 28.7%, 월동무는 27.2% 그리고 고랭지무는 9.9%를 차지하고 있다.

재배 면적의 감소 추세와 달리 단위 면적당 생산량은 계속 증가하다가 근래에 생산량이 정체되고 있다. 작형별에 따른 단위 면적당 생산량을 비교해 보면, 노지 봄무는 1990년대 중반까지는 정체를 나타내었으나 1995년부터 2010년대까지 꾸준히 상승하여 최근 5년간 평균 10a당 생산량(2011~2015)은 4,231kg이다. 여름무의 10a당 생산량은 1990년대 초반 이래로 3,000kg 내외로 유지되고 있으며 최근에는 약간 감소했으나 5년간(2011~2015) 10a당 평균 생산량은 2,973kg으로 꾸준히 유지하고 있다. 가을무는 1980년대 초 10a당 평균 4,700kg에서 꾸준히 증가하여 최근 5년간(2011~2015) 평균 10a당 생산량은 7,075kg이다.

작형에 따른 지역별 생산 동향을 살펴보면, 봄무는 3~5월에 경남·전남·전북 지방에서 하우스 재배 무가 출하되기 시작하였다. 5월 초에서 6월 중순에는 충청·경기 지역의 하우스 재배 무가 출하되고, 호남 지역에서는 터널에서 재배한 무가 출하되고 있다. 그리고 6월 중순부터 7월 초까지는 경기도 일원에서 노지 재배 형태로 출하되고 있다. 여름무는 기온이 높은 하절기(7~9월)에 출하되는 무로, 고랭지무라고도 한다. 주산지는 태백·정선·평창·홍천·인제 등의 강원도 지역이며, 장수·남원·무주 등 산간 지역에서도 일부 재배되고 있다. 가을무는 11월에서 12월에 출하되는 대표적인 무의 작형으로, 주산지는 경기·충청·호남 지역이다. 김장용으로 가장 많이 이용되어 일명 김장무라고도 하는데, 일부는 저장되어 다음 해 4월까지 출하한다.

2000년 초반 제주도를 중심으로 재배가 시작된 월동무는 2000년 500ha에서 해마다 증가하여 2011년에는 5,477ha가 재배되었다. 1인 가족이 증가에 따른 식문화 변화에 따라서 월동무 재배가 증가할 것으로 예상된다. 그러나 월동무 재배로 인해 봄무의 재배 면적이 줄어들고 있고, 가을무의 저장 역시 감소하고 있다.

무의 재배 형태의 따른 분류를 보면 노지 재배는 평년 재배 면적이 20,398ha (2011~2015)에 생산량이 1,196천t으로 전체 재배 면적이 약 95%의 우위를 차지하고 있다. 시설무는 재배 면적이 1988년 이래로 꾸준히 증가하였으나 2000년 6,697ha를 정점으로 급격히 감소하는 추세이다. 시설무의 최근 5년 평균 재배 면적은 1,165ha이고 생산량은 48,124t을 차지하였으나 2015년 기준 재배 면적은 1,016ha로 전체 무 재배 면적의 5%에 지나지 않는다.

무의 지역별 재배 면적의 변동을 살펴보면 1990년대 이후로 생산량은 줄고 있으나 총 재배 면적에 큰 변동은 없다. 이를 지역별로 살펴보면, 1970년대에 가장 많이 차지하였던 경기도가 가장 큰 폭으로 재배 면적이 감소하였다. 충남, 경남, 강원 지역도 소폭으로 감소한 반면에 전북, 제주 등은 1980년대에는 소폭 감소 후 1990년대에는 증가한 것으로 나타났다. 이는 농업 생산 여건의 변화에 따라 지역별로 재배 면적의 변화를 가져온 것으로 보인다. 경기, 충남, 경남 등 비교적 입지 조건이 좋아 재배 면적이 많았던 지역은 임금과 땅값 상승 등의 요인으로 무 생산비는 상승하고 판매 가격은 보합추세로 수익성이 상대적으로 저하됨에 따라 생산자들이 작목전환 등 생산 조정이 이루어지고 있었다. 경북과 충북 등지에서도 약용작물과 마늘 등 보다 수익성이 높은 작목으로의 전환이 이루어지고 있어서 재배 면적이 감소하고 있는 것으로 판단된다.

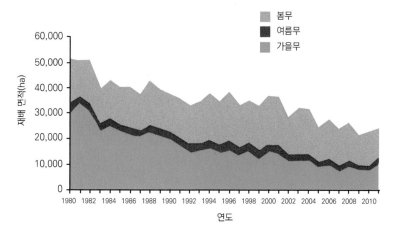

(그림 1) 무 작형별 재배 면적 동향

(표 1) 무 작형별 재배 면적 및 단수 동향

구분	작형	1980	1990	2000	2007	2008	2009	2010	2011	평년[1]
재배 면적 (ha)	봄	16,318	14,128	18,914	14,371	14,756	12,133	13,417	11,830	13,301
	여름	3,031	2,947	3,377	2,596	2,546	2,042	2,161	2,713	2,412
	가을	30,956	20,052	14,627	7,162	8,948	7,771	7,473	9,748	8,220
	전체	50,305	37,127	40,238	25,835	27,308	23,780	21,891	23,068	24,376
단수 (kg/10a)	봄	2,839	2,889	3,304	3,886	3,909	3,973	3,896	3,850	3,903
	여름	2,958	3,033	2,913	3,312	2,998	2,884	2,563	2,747	2,901
	가을	4,751	6,259	6,033	6,409	7,544	8,034	6,333	7,354	7,135
	전체	4,023	4,742	4,494	4,725	5,281	5,558	4,768	5,433	5,153
생산량 (1,000t)	봄	502	431	625	558	577	482	523	455	519
	여름	90	97	98	86	76	59	55	75	70
	가을	1,471	1,255	882	459	675	624	473	716	589
	전체	2,063	1,783	1,759	1,194	1,402	1,256	1,039	1,246	1,227

* 1) 평년은 2007~2011년의 5개년 평균치임

(표 2) 무 재배 형태별 재배 면적 및 단수 동향

구분	재배지	1970	1980	1990	2000	2007	2008	2009	2010	2011	평년[1]
재배 면적 (ha)	노지	66,427	48,541	34,642	40,238	25,835	27,308	23,780	21,891	23,068	24,376
	시설	26	1,764	2,485	6,697	4,302	3,604	3,876	1,001	1,490	2,855
	전체	66,453	50,305	37,127	46,935	30,137	30,912	27,656	22,892	24,558	27,231
단수 (kg/10a)	노지	1,152	4,064	4,868	4,494	4,725	5,281	5,558	4,768	5,433	5,153
	시설	4,870	2,884	2,993	3,764	4,112	4,171	3,872	4,332	4,327	4,163
	전체	1,153	4,023	4,742	4,372	4,622	5,135	5,284	4,748	5,362	5,030
생산량 (1,000t)	노지	765	1,973	1,686	1,507	1,017	1,252	1,106	996	1,172	1,109
	시설	1	51	74	252	177	150	150	43	64	117
	전체	766	2,024	1,761	1,759	1,194	1,402	1,256	1,039	1,237	1,226

* 1) 평년은 2007~2011년의 5개년 평균치임

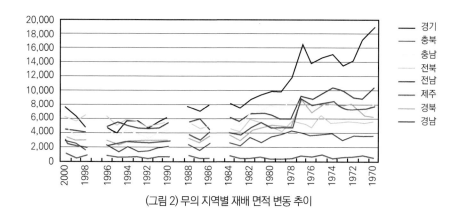

(그림 2) 무의 지역별 재배 면적 변동 추이

(표 3) 채소 재배 및 생산량 중 무의 비중

구분	재배 면적(천ha)					생산액(10억 원)				
연도	2000	2008	2009	2010	2011	2000	2008	2009	2010	2011
채소 전체	375	276	262	259	281	6,738.5	7,213.5	7,554.1	8,353.3	8533.7
무	35	24	22	23	20	384.7	338.6	306.7	470.0	409.1

나. 외국 재배 현황

중국의 경우 최근 채소 소비가 증가하고 있으나 채소의 생산량이 더 많아 공급과잉과 산지 간 경쟁이 심화되고 있다. 이에 대한 해결책으로 수출을 중시하고 있다. 중국은 채소 재배 지역이 대도시 근교에서 농촌으로 확산되고, 소규모 농가별 생산에서 집약·규모화되는 경향을 보이고 있다. 중국에서도 무는 전체 채소 재배의 약 8%를 점유해 비교적 많이 재배되고 있는 작물이다. 무는 주로 생식용으로 이용되고 있으므로 유통기간이 짧아 상대적으로 수입량이 적지만, 지역적으로 거리가 가깝고 생산기반에서 우위를 가진 중국이 무역흑자를 늘리고자 농산물 교역을 확대시킬 수 있어 결코 안심할 수 없다. 또한 배추, 무, 파, 고추, 오이, 가지 등 우리나라에서 주로 즐겨먹는 채소의 재배 면적은 중국 전체 채소 면적의 절반이 넘으므로 중국과의 자유무역협정(FTA)에 대비한 대책이 필요하다.

우리나라에서 무는 주로 가공하지 않은 상태에서 요리로 이용하지만 서양에서는 사료로 이용되고 있으며 그 외에 샐러드 재료로 이용되고 있다. 일본에서는 생식 또는 단무지 생산용으로 이용되고 있다.

02
경영 특성

가. 소득 분석 및 가격 동향

무의 가격 동향을 보면 연간 평균 가격이 기상조건 및 재배 면적의 변동과 소비심리의 변화 등에 의하여 크게 다르다. 작형별로도 연간 심한 가격 차이를 보인다. 과거에는 대체로 가을무에 비해 봄무가 비싼 편이었으나, 봄무 재배 면적의 증가와 단위 면적당 생산량의 증가로 봄무 가격이 가을무에 비해서 60% 정도 수준까지 떨어진 적도 있다. 여름무의 경우는 수요가 공급보다 많으므로 비교적 높은 가격으로 판매되고 있으며, 가을무는 기상 여건 및 수요와 공급에 따라 가격 변동폭이 큰 경향이 있다.

무의 출하량은 가을과 겨울인 10~12월에 가장 많고 그다음에는 5~6월, 7~9월 순이다. 1~3월에는 대체로 출하량이 가장 적다. 이렇게 1~3월 제외하고는 수요와 공급이 대체로 균형이 맞는 채소이므로 1년에 1번만 생산되는 다른 채소와는 가격 변동의 양상이 전혀 다르다. 마늘이나 양파 같은 채소는 전년도의 가격에 크게 영향을 받아 다음 해의 생산량이 결정되지만 무의 경우는 가격이 전년도 가격뿐만 아니라 직전에 출하된 가격의 영향도 받아 변화한다. 가령 고랭지 채소의 가격이 높으면 이에 영향을 받아 가을무의 재배 면적이 늘어나 생산량이 증가하고, 이에 따라 가을무의 가격이 떨어지게 되는 식이다.

무의 경우 계절에 따른 가격 변동만으로 수익성을 말하기는 어렵다. 예를 들면 봄무는 시설 재배로 재배하는 경우가 많아 노지에서 생산되는 가을무보다는 생산비가 많이 들기 때문에 높은 가격이 바로 수입의 증가로 이어지지 않는다. 또한 수요와 공급이 출하 시기별 또는 작황에 따라 서로 다르고 농가의 수취 가격도 서로 다르다. 무 재배 농가의 경영 소득을 위해 생산 시기에 따른 경영 비교를 해야만 실제 소득을 가늠해 볼 수 있다.

무는 조소득이 옥수수, 콩, 감자 등의 식량 작물보다는 높으나 다른 채소류보다는 낮은 편이다. 작형별 조소득은 하우스무가 가장 높았다. 그다음이 여름무, 봄무, 가을무 순서였다. 일반적인 경영 소득이 아닌 자가 노동임금을 경영비에 포함한 순수한 의미의 순소득 면에서는 순위가 하우스무, 여름무, 가을무, 봄무 순이었다. 그러나 이를 투자한 경영비 및 자가 노력비에 대한 소득률로 따질 경우에는 여름무가 가장 높았다. 그리고 다음이 가을무, 하우스무, 봄무의 순서였다. 이 중 봄무나 하우스무가 가을무나 여름무보다 소득률이 낮은 것은 재배 시설을 이용하여 이른 봄철의 무 재배에 불리한 환경 조건을 극복해야 하기 때문에 상대적으로 경영비가 더 많이 투입됐기 때문으로 보인다.

(표 4) 작형별 소득 분석

구분	봄무		여름무		가을무		하우스무	
	금액 (천 원)	비율 (%)	금액 (천 원)	비율 (%)	금액 (천 원)	비율 (%)	금액 (천 원)	비율 (%)
조수입[1]	1,037	100	1,097	100	969	100	1,869	100
경영비[2]	370	35.7	337	34.4	282	29.1	742	39.7
자가노력비[3]	305	29.4	229	20.9	269	27.8	484	25.9
소득 [1-2]	667	64.3	720	65.6	687	70.9	1,128	60.3
소득 [1-2-3]	362	34.9	490	44.7	418	43.1	644	34.4
소득률(%)[1-2]	64.2		65.4		70.5		59.9	
소득률(%)[1-2-3]	34.5		44.7		43.4		33.7	

나. 식품의 가치 및 소비 동향

무는 배추와 함께 김치의 주재료로 식생활에서 중요한 부식의 재료로 널리 이용되어 왔다. 무는 기원전부터 식품으로서의 가치가 인정되었으며 다양한 비타민과 소화를 돕는 효소 등이 함유되어 있다. 또한 무기염류와 섬유질이 풍부하고 칼로리도 적어 다이어트용으로도 훌륭한 채소이다. 무의 잎과 뿌리에는 비타민 A와 C가 많이 들어 있다. 무는 시금치 못지않게 비타민을 많이 함유하고 있지만, 대부분 잎에 많이 들어 있고 뿌리에는 많지 않다. 잎에는 베타카로틴, 비타민 C의 함량이 매우 높아 김치의 재료로는 더할 나위 없이 좋은 식품이다. 특히 무싹에는 각종 비타민이 고르게 함유되어 있고 그 함량도 높아 최고의 영양식품으로 꼽힌다.

무의 뿌리에는 여러 가지 소화효소가 들어 있는데 우리 몸에 소화를 돕는 디아스타아제(Diastase)가 함유되어 있다. 무의 매운맛은 유황화합물(Allyl Isothiocyanate) 때문인데, 이 유황화합물은 양파에도 많이 들어 있는 성분으로 식물이 땅속의 양분을 흡수하는 과정에서 황을 함께 흡수하기 때문에 만들어진다. 무를 썰거나 씹을 때 미로시나아제(Myrosinase)라는 효소가 활성화되는데 이 효소는 무에 들어 있는 글루코시놀레이트(Glucosinolate)라는 성분을 분해하여 매운맛을 내는 성분인 유황화합물을 발생시킨다. 무를 식초에 담그면 이 반응을 멈추게 하여 무에서 매운 맛이 나지 않는다. 생무를 먹고 트림을 하면 불쾌한 냄새가 나는데 이는 메틸메르캅탄(Methylmercaptan)이라는 성분에 의한 것이다.

(표 5) 무의 주요 성분

영양분	함량		영양분	함량	
	잎	뿌리		잎	뿌리
에너지Kcal	20	18	철mg	2.5	0.3
수분g	92.4	94.5	나트륨mg	39	14
단백질g	2.0	0.8	칼륨mg	320	240
지질g	0.1	0.1	레티놀μg	0	0
당질g	3.0	3.4	베타카로틴μg	2,600	0
섬유질g	1.1	0.6	비타민 A 효력IU	1,400	0
회분g	1.4	0.6	비타민 B$_1$mg	0.07	0.03
칼슘mg	210	30	비타민 B$_2$mg	0.13	0.02
인mg	42	22	나이아신mg	0.4	0.3
			비타민 Cmg	70	15

무의 뿌리와 잎은 주로 김치의 재료로 많이 사용된다. 특히 깍두기용으로 많이 이용하며 가을에는 동치미로 이용한다. 또한 무는 샐러드, 단무지, 무말랭이, 국거리 등의 각종 요리에 필수적인 채소이다. 무는 현재 품종 및 재배 기술의 발달로 계절에 관계없이 생산이 가능하다. 이러한 무의 연중 공급은 이전의 무 소비 패턴을 변화시키고 있다. 즉 겨울철에 무를 구하기 어려웠던 과거에는 무의 출하가 많은 가을에 김장을 많이 하여 겨우내 반찬거리로 이용하였지만 겨울에도 무의 구매가 가능해지면서 이러한 소비성향은 점점 사라지고 있다. 김치냉장고의 보유에 따른 무 김치 보관기간이 늘어난 것도 하나의 원인이다. 또한 김장이 줄어드는 것은 가족 구성원의 변화와도 관계가 있다. 한 번에 많은 양의 김장을 하던 대가족 중심의 가족 구성에서 상시 소량 소비의 핵가족 중심으로 변화하면서 출하성기에 대량으로 재료를 구입하여 김치 등 반찬을 만들어 저장하는 관습이 변화하고 있기 때문이다. 무의 주 소비처인 가정에서 소비하는 양이 줄어들어 수요는 줄고 있지만, 기업체나 단체급식업체에서는 야외용 도시락과 김밥을 위한 단무지와 프라이드 치킨용 깍두기 등의 가공원료로 사용하여 무의 소비량이 다소 증가하고 있고 앞으로도 당분간 지속적 수요가 계속 유지될 것으로 보인다.

03

생리적 특성

가. 온도

무는 일반적으로 서늘한 기후를 좋아하나, 추위와 더위에는 약한 편이다. 무가 자라는 데 알맞은 온도는 15~20℃이다. 낮은 온도에서도 비교적 견디기는 하지만 다자란 무는 0℃ 이하의 온도에서 동해 피해를 입는다. 무가 싹트는 데 적절한 온도 범위는 20~25℃이고 2~3℃의 낮은 온도에서도 싹이 트지만 40℃ 이상의 높은 온도에서는 싹이 트지 못한다. 뿌리가 잘 자라는 적당한 기온은 17~23℃인데 지온(땅의 온도)의 경우 어릴 때에는 28℃ 정도, 뿌리가 굵어지면서부터는 21~23℃가 가장 좋다고 알려져 있다. 무의 경우 파종 후부터 수확 시까지의 누적온도를 보면 1kg 정도 수확 시 1,100℃, 1.5kg은 1,300℃ 정도가 필요하다. 더위에는 약하기 때문에 여름에는 준고랭지 또는 고랭지에서 재배해야 된다. 여름철에 평지에서 무를 재배하면 배추보다 병이 많이 걸리고 또한 무 품질이 나쁘다.

나. 광

무는 비교적 강한 빛을 좋아하는 채소(광포화점은 5만 룩스)로서 뿌리가 굵어지기 위해서는 지상부의 잎이 잘 자라야 한다. 충분한 광합성을 통해 뿌리에 양분을 공급해야 하기 때문에 햇빛이 부족하면 뿌리가 굵어지기 어렵다. 특히 뿌리가 굵어지는 시기의 햇빛 부족은 수량에도 영향을 미쳐 수확량을 떨어뜨린다. 무는 낮의 길이에 따라 뿌리가 굵어지는 것에 차이가 있다. 전 생육 기간 동안 낮의 길이가 길면 잎만 무성해지고 뿌리가 가늘어지지만, 생육 초반에 낮의 길이가 짧고 후기에 길면 뿌리도 굵고 잎의 생육도 좋아진다. 반대로 생육 초기에 낮의 길이가 길고 후기에 짧으면 뿌리가 굵어지기 힘들다.

다. 수분

뿌리가 자라는 데 있어서 토양수분의 양이 용수량의 60~80% 되는 상태가 가장 좋다. 지나치게 습기가 많거나 건조한 토양에서는 뿌리가 잘 자라지 못한다. 토양에 수분이 많으면 뿌리의 호흡에 의해 토양 중의 산소가 감소하고 이산화탄소의 농도가 높아져 뿌리가 자라는 것을 방해한다. 싹이 틀 때나 어렸을 때는 물론, 한참 클 때도 건조하면 수확량이 떨어지고 품질이 떨어진다. 뿌리가 터지는 것은 수확기가 늦어지면 일어나기 쉬우나 토양수분과도 밀접한 관계가 있다. 토양수분이 많으면 뿌리 무게가 증가하기 때문에 뿌리가 터질(열근) 가능성이 크며, 자라는 중간에 건조해도 발생하기 쉽다. 뿌리가 터지는 시기는 일정하지는 않지만, 재배 시 기상이나 토양환경에 따라 다양하게 발생한다. 특히 높은 수분 상태보다는 건조했다가 수분이 많아지는 경우에 더 잘 발생한다. 토양의 수분 변화가 심하면(건조와 침수가 반복되면) 뿌리가 터지기 쉬우며 특히 싹이 트고 20~25일 후(초생피층 탈피 시기)와 뿌리가 비대해져 발육하는 시기에 물관리에 주의하여야 한다. 무 재배기간 동안 가뭄이 오랫동안 계속되면 생육이 나빠질 뿐만 아니라 쓴맛과 매운맛도 증가한다.

라. 토양

무가 자라는 것은 토양 속에서 이루어지기 때문에 토양이 깊고 보수력과 물 빠짐이 좋은 가벼운 흙에서 좋은 품질의 무를 생산할 수 있다. 지나치게 단단한 토양에서는 육질이 딱딱해지고 광택이 불량해진다. 토심이 얕은 곳에서는 뿌리가 짧은 품종이나 뿌리가 지표 위로 자라는 품종이 적당하다. 끈끈하고 차진 토양에서는 가랑이가 지고 구부러지기 쉬우며 수확 바로 전에 터지거나 뿌리가 썩는 등 생리 장애가 발생하기 쉽다. 하지만 이런 토양에서 자란 무는 추위에 비교적 잘 견디고 바람들이의 발생이 늦어진다. 품질만 놓고 볼 때 차진 토양에서 재배된 무가 다른 토양에 비해 좋은 경향이 있다. 무는 뿌리 부위를 재배 및 이용하기 때문에 뿌리에 산소가 잘 공급되고, pH 5.5~6.8의 중성 내지 약한 산성의 토양이 좋다.

마. 개화 습성

무 종자는 싹이 터서 낮은 온도를 만나면 꽃눈이 생긴다. 이후 온도가 높아지고 낮의 길이가 길어지면 무가 추대(꽃대가 올라오는 것)된다. 꽃눈이 생기는 온도는 12~13℃ 이하인데, 떡잎이 벌어질 무렵 5~7℃의 낮은 온도에 처할 때 가장 감응하기 쉽다. 무의 꽃눈분화와 꽃대가 올라오기 위해서는 낮은 온도와 낮 길이(일장)가 필수적인 조건이다. 이 두 가지 요인이 동시에 작용할 때는 낮 길이보다 낮은 온도가 꽃눈이 생기는 데 더 큰 영향을 미친다. 6~7월에 파종한 무가 불시에 추대되는 경우가 있는데, 이는 품종에 따라서 온도 외에 긴 낮 길이(빛이 강한 조건)에 영향을 받기 때문이다. 작형에 따라 추대되는 조건이 다른데, 봄무는 주로 낮은 온도에 의해서 꽃눈이 형성되고 이후 높은 온도와 낮의 길이가 길어짐에 따라 추대된다. 그리고 여름과 가을 재배에서는 강한 빛의 조건에 의해 불시 추대가 될 수도 있다. 이른 봄에 하우스에서 파종한 무는 추대가 잘 일어나지 않지만, 같은 품종을 더 늦은 시기에 노지에 씨를 뿌리면 추대되는 경우가 종종 있다. 이는 하우스 내에서 밤에 낮은 온도를 받더라도 낮에 하우스 안의 높은 온도(30~40℃)로 인해 발생된 꽃눈이 없어지기(이춘화 현상) 때문이며 하우스 내의 다소 약한 빛도 이와 어느 정도 관련이 있다. 따라서 시설 재배나 봄철에 재배할 경우에는 품종 선택에 유의하여 저온감응이 둔한 품종을 선택해야 한다.

chapter 2

무의 명칭,
재배 유래
및 재래종

01
명칭

무(*Raphanus sativus* L.)의 속명인 *Raphanus*는 그리스어인 빠르다(Ra)와 자라다(Phainomai)의 합성어로 무의 뿌리가 매우 빠르게 생장한다는 의미이며 Sativus는 재배되고 있다는 의미이다. 중국에서는 기원전 1,100년경 편찬되었다는 '이아'에 노파(蘆葩, Lofei)로 호칭되었다. 래복(萊菔, Laifu), 라복(蘿蔔, Lopo) 등으로도 불렸는데 이들 역시 그리스·라틴계의 명칭에서 유래하고 있다.

02

재배 유래

무가 언제부터 우리나라에서 재배되기 시작하였는지는 분명치 않으나 중국, 일본과 더불어 기원전부터 재배되어 온 것으로 추정된다. 1900년도 초반까지는 중국에서 도입하여 정착된 재래종 무가 우리나라에서 주로 재배되어 왔다. 그 후 1907년 경 일본에서 도입된 궁중무, 성호원무, 연마무 등이 재배되기 시작하였다. 해방 이후에는 유럽계 무가 도입되어 일부 재배되기 시작했다.

1908년 발행된 '중앙농회보'에 조선 재래 무와 일본 무의 비교 시험 성적이 처음으로 기록되어 있다. 우리나라에서는 무를 주로 김치 재료로 이용하는데 이 시기에 도입된 일본 무는 수량은 많지만 김치 재료로 쓰일 수 없는 품종들이었다. 그로 인해 1900년대 후반부터 우리나라 재래종 무에 대한 선발 및 개량에 대한 연구가 추진되기 시작하였다.

'조선농회보'에 우리나라 재래종 무로 서울무, 풍산무, 계림무, 백양사무, 울산무, 진주대평무(일명 남강무) 등이 기록되어 있다. 이 밖에 대구재래무, 중국청피무, 쥐꼬리무 등도 알려져 있다. 또 인천시 용현동에 거주하는 이영모 씨가 순화 및 고정한 용현무와 북지작은 무계로 서울봄무와 알타리무 등이 있는데 이들 무는 현재 일부에서 열무로 재배되고 있다.

1960년대 후반부터 본격적으로 교배종 무가 발표되어 농가에 보급되기 시작하면서 위의 재래종 품종들은 서서히 자취를 감추게 되었다. 그 후 1980~1990년대에 오면서 재래종 품종들은 진주대평무, 의성반청무, 중국청피무, 용현무, 서울봄무,

알타리무 등만이 열무로 일부 재배되고 있다. 또 영리재배용 품종들은 모두 교배종 품종으로 바뀌게 되었다.

김장용 무와 더불어 총각김치용으로 각광받고 있는 알타리무는 서울봄무와 유사한 계통의 재래종 무로 서울봄무에서 생육과 비대가 극히 빠른 계통을 선발 및 순화하여 고정한 것이다. 알타리무는 꽃대가 늦게 올라오며(만추대성) 하우스 안에서 재배해야 추대가 될 수 있다.

이러한 문제점들을 개선하여 하우스에서 노지에 이르기까지 다양하게 재배할 수 있는 품종들이 1970년대부터 발표되기 시작하였으며, 1980년대에는 알타리무 품종들도 육성되었다. 이렇게 알타리무 품종이 재래종에서 교배종으로 바뀌어 연중 재배가 가능하게 되었고, 1980년대 후반부터 알타리무 계통과 비교적 작은 크기의 일반 무 계통을 양친으로 하여 더위에 강하고 품질이 우수한 품종이 육성·발표되었는데 이러한 계통의 무를 소형무라 한다.

03
재래종

가. 조선재래무

조선재래무는 예로부터 전국의 각지에서 재배되던 재래종으로 각 지방의 기후에 맞고 특성이 우수하여 널리 재배되었던 품종을 말한다. 한 예로 서울과 경기 지방에서는 '서울묻을무'라는 재래종을 많이 재배하였다. 재래무는 육질이 단단한 것이 특징이고 수량은 적은 편이었으나 김치용, 생식용, 익혀서 먹는 것, 장아찌용 및 저장용 등 다양한 용도로 전국 각지에서 재배되었다. 그러나 일제의 한국강점 조약 (경술국치) 이후로 일본계 무가 많이 재배되었고 재래종 무와 일본 무의 교배를 통하여 우량한 잡종이 생기게 되었는데 울산무와 남강무가 그 예이다.

나. 서울무

서울무는 경성무로도 호칭되었던 적이 있으며 주로 한강 유역인 경기도 고양시와 서울 동대문, 뚝섬, 은평 등에서 재배되었다. 여기서 생산된 무는 보통 조선무나 생산지의 이름을 붙여서 경성종으로도 불렸으며 종자가 전국 각지로 판매되었다. 서울무는 조선왕실의 어채료로서 오랫동안 개량되어 왔으므로 김치용으로 적합하였다. 뿌리의 모양은 원통형으로 길이는 21~24cm이고 뿌리 끝이 둥근 것이 대부분이었다. 겉껍질은 거칠며 특히 단단한 붉은 토양에서 재배된 무는 껍질이 더 거칠었다. 육질은 단단하고 다음 해 봄까지 저장하더라도 바람들이가 적어 장기 저장용으로 적합하였다.

다. 계림무

생산지는 지금의 경주시 부근의 비옥한 지대로 경주 재래종이었다. 뿌리 모양은 짧은 원통형으로 뿌리 끝이 둥글고 굵었으며 저장성이 우수하였다.

라. 풍산무

주산지는 경북 안동군 풍산면 하리 등으로 낙동강 상류에서 집단으로 재배되었으므로 풍산무라는 이름이 붙여졌다. 뿌리의 모양은 원방추형으로 일본의 성호원무와 같이 둥글고 크다. 육질은 단단하지만 서울무보다는 단단하지 않고 장기간 저장할 수 있었다. 재래종 중 익혀서 먹는 데 쓰이는 무로서는 가장 우수하였다.

마. 백양사무

생산지는 주로 전라도였으며 재배된 곳은 섬진강 상류와 하류 연안 일대였다. 백양사무는 섬진강 연안에서 발달한 독특한 재래종으로 다른 지방에서는 별로 재배하지 않았다. 뿌리는 방추형이고 뿌리 끝은 현저히 가늘어 다른 지방의 재래무와 뚜렷이 구분되었다. 육질은 서울무와 같이 단단하지도 않고 풍산무보다 더 연하며 순무와 같이 유연해서 탄력성이 있었다.

바. 남강무

옛날 진주군 진주읍 일대의 낙동강 지류 중 적토지대에서 재배되던 무로서 도동무로 호칭되기도 하였다. 남강무는 1907년에 도입된 일본의 성호원무가 진주지방에서 재배되던 재래무와 자연 교잡된 품종이다. 특성은 초세가 왕성하고 뿌리가 큰 무로, 모양이 좋고 육질이 단단하며 맛이 좋았다. 저장 중에 바람이 들지 않으므로 겨울 동안 익혀서 먹는 무로는 가장 우수했다.

사. 진주대평무

진주대평무는 경남 진양군 대평면의 남강 상류 유역의 사질양토지대 특산무로 신풍수라고도 했다. 남강무에 비해 무의 길이가 길고 육질은 연한 편이다. 진주 대평 지방의 재래종과 청수궁종을 교배한 것으로 생각되며 바이러스병에 강했다고 한다. 특성은 초세가 왕성하고 서울무보다 직립성이며 뿌리가 짧은 원통형 또는 중장형이다. 또한 추근성(抽根性)으로 머리 부분이 담녹색이며 무게는 1,000~1,200g이었다. 맛이 좋지만 종종 불시에 꽃대가 올라오는(불시 추대 현상) 단점이 있었다.

아. 울산무

1915년 경남 울산의 김동기 씨가 도입 품종인 감태무의 종자를 구입하여 울산에서 채종하던 중 울산 지방의 재래종과 자연 교잡해 울산무가 육성되었다. 뿌리 끝이 둥글고 추근성(抽根性)으로 추근된 부위는 녹색이었다. 진딧물에 강하고 잎이 직립성이어서 농약살포에 의한 방제가 용이했다. 뿌리 육질이 서울무와 같이 단단하지는 않으나 김치용으로는 지장이 없고 수량이 많아 재배 면적이 확대되었다.

자. 기타

이 밖에 용현무, 서울봄무, 알타리무, 중국청피무, 송정쥐꼬리무, 갯무 등이 있다.

chapter 3

재배 기술 및
재배 작형과 품종

01
재배 기술

가. 품종 선택 요령

(1) 하우스 및 터널무
온도가 낮고 일장이 길어 꽃대가 올라오기 쉬운 시기에 재배하므로 꽃대가 늦게 올라오고(만추대성) 저온에서 뿌리가 잘 자라는(저온비대성) 좋은 품종이 필요하다. 한정된 면적에 많이 심을 수 있는(밀식) 품종이 경영적으로도 유리하므로 잎이 직립하고 잎의 길이가 비교적 짧은 품종을 선택하는 것이 좋다. 건전한 종자를 사용해야 하며 오래 묵은 종자 사용은 피한다. 종자 파종, 비료 시비, 재배 시 주의사항은 구입한 종자 회사 안내문을 따른다.

(2) 노지 봄무 및 여름무
노지 봄무는 저온기를 지나 일사량이 많고 낮의 길이가 길며(장일) 더운 시기에 재배된다. 따라서 시들음병 및 연부병, 바이러스병에 강하면서 꽃대가 늦게 올라오고(만추대성) 더위에 강하며(내서성) 높은 습도에서도 잘 자라는(내습성) 품종을 재배하는 것이 좋다. 여름 재배용 무는 연부병과 적심·흑심증에 강하고 높은 온도와 낮의 길이가 긴(고온장일) 조건에서 꽃대가 올라오지 않는 품종을 선택하는 것이 좋다.

(3) 가을무

무 재배에 가장 좋은 시기에 재배하여 큰 문제는 없지만 조기 파종용 품종은 내서성이 있고 바이러스병, 시들음병, 무사마귀병, 공동 현상 등에 강한 품종이 좋다. 만파용으로는 내한성이 강하고 저온 비대가 빠르며 저장성이 강한 품종이 좋다.

(4) 월동무

겨울 월동무 재배는 늦가을에 파종하여 겨울에 밭에 세워 두고 수확하는 형태로, 제주도나 남쪽 해안과 같은 따뜻한 지역에서만 가능하다. 대체로 파종 후 65일 정도면 수확할 수 있는 중생종 계통과 낮은 온도와 짧은 낮의 길이(저온단일)에서도 뿌리의 비대가 빠르고 내한성이며 수확기가 지나더라도 바람들이나 추대가 적은 품종을 선택하도록 하며, 건전한 종자와 완숙된 비료를 사용하도록 한다.

나. 밭 준비

무는 뿌리가 곧고 길게 뻗는 작물이므로 밭을 깊이 갈고(심경) 흙을 잘게 부수며 유기질 비료를 시용하여 뿌리가 잘 뻗어 내려가게 하는 것이 중요하다. 최근에는 트랙터 등 대형 기계 사용에 의해 토양의 하부가 다져져서 식물의 뿌리가 뻗을 수 있는 깊이가 얕아지고 수분이나 공기의 유통을 방해하여 배수 불량과 산소 부족이 일어나고 있다. 이렇게 흙이 다져지면 석회를 투입하여도 15~20cm 이하의 토양은 산성토로 남아 있게 된다. 토양의 산성화가 진전되면 인산이 토양에 흡착되어 식물이 이용하기 어렵게 되며 마그네슘 및 붕소의 결핍이 일어나고 사상균이 증가하여 병해가 발생하게 된다. 이와 같은 토양에 무를 계속 재배하면 무의 품질이 떨어지고 연작에 의한 장해가 일어난다. 따라서 30~50cm까지 밭을 깊이 갈아서 뿌리가 자랄 수 있는 공간을 제공해야 하며, 유기질 투여로 토양의 완충 능력을 높이고 물리성 및 화학성을 개량해 줄 필요가 있다.

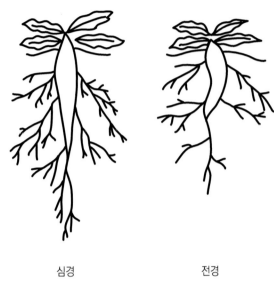

심경   전경

(그림 3) 경운 정도에 따른 무 뿌리 발달

(1) 하우스 재배

하우스를 재배 시기보다 일찍 준비하여 지온이 상승하도록 한다. 경토 20cm 이상을 목표로 심경을 하며, 논에 하우스를 설치할 경우 5~6회가량 경운하여 흙을 부드럽게 해준다. 시비는 전량 밑거름을 하는 것이 원칙이나 관수시설이 있는 경우는 멀칭을 하지 않고 밑거름을 70%, 웃거름을 30% 정도 해준다. 전량 밑거름의 경우에는 완효성 비료를 사용한다. 완숙퇴비 및 석회는 일찍 넣는다. 시비량은 토질에 따라 가감할 수 있으며 10a당 성분량으로 질소는 15~16kg, 인산은 6~12kg, 칼리는 10~14kg을 시용한다.

(2) 터널 재배

파종 1개월 전에 완숙퇴비 및 석회를 흙과 충분히 혼합하여 둔다. 밑거름은 파종 5~7일 전에 전면 살포하고 로터리로 잘 섞어준다. 시비량은 10a당 질소 10~15kg, 인산 6~12kg, 칼리 10~15kg을 준다.

(3) 여름 재배

파종 1개월 이전에 완숙퇴비 및 석회를 살포하고 흙과 잘 섞어 준다. 경운은 심경 로터리 등으로 30cm 이상 충분히 깊게 갈아 주고 시비는 파종하기 5~10일 전에 필요량을 밭 전체에 골고루 뿌린 후 로터리한다. 질소질 비료가 많으면 공동증 및 연부병 발생 가능성이 있으므로 주의한다.

(4) 가을 재배

파종 10~15일 전에 10a당 소석회 75~100kg, 용성인비 60kg을 밭 전면에 고루 살 포한 다음 초벌갈이를 깊게 한다. 파종 1주일 전에 완숙퇴비 1,000kg(완숙계분의 경우 200kg)을 살포하고 재벌갈이를 한다. 파종 2일 전에 요소, 염화칼륨, 붕사 및 토양 살충제를 뿌리고 경운기 등으로 흙덩이를 부드럽게 쇄토한 다음 폭 120cm 혹은 60cm의 이랑을 만든다.

(표 6) 작형별 무의 재식거리

작형	파종 시기 및 지역	재식거리(cm)
하우스	-	55×21
터널	-	60×25
노지 봄무	-	60×25
여름무	5~7월 파종	60×25
	해안 지역	60×25
가을무	조기 파종	60×25
	적기 파종	60×27 이상
	만기 파종	60×24
월동무	-	60×25

* 품종에 따라 재식거리가 달라질 수 있으며, 동일한 품종도 출하 목적에 따라 다를 수 있다.

(5) 월동 재배

경토가 얕은 밭이나 배수가 나쁜 밭은 이랑을 높게 만든다. 시비는 10~14일 전에 완숙퇴비를 1t 정도 전면 살포하여 트랙터로 잘게 부순 후 파종 7~10일 전에 밑거 름을 시용한다. 시비량은 10a당 질소 14~16kg, 인산 10~12kg, 칼리는 10~12kg

을 살포하고 인산은 전량 밑거름으로 주고 질소와 칼리는 웃거름을 3회 실시한다. 웃거름 시기는 1회가 파종 후 40일에, 2회는 1회 후 30일에, 3회는 2회 후 30일에 실시한다.

다. 파종

(1) 파종 방법

무의 재배 및 관리를 양호하게 하기 위해서는 점파를 하는 것이 흩어뿌리기보다 좋으며 밭에 빈 곳(결주)이 없도록 한곳에 3립씩 파종한 후 솎아준다. 여름 및 가을무는 10a당 6,000~7,000주를 재배하는 것을 목표로 한곳에 3~4립씩 파종한다. 하우스, 터널 및 월동무는 10a당 8,000~9,000주를 목표로 한곳에 4~5립씩 파종한다. 복토는 보통 5cm를 해 주며, 토양이 건조할 때는 2cm 정도를 하고 가볍게 두들겨 주거나 왕겨를 뿌려 주어야 발아가 잘된다. 복토를 너무 두껍게 해 주면 발아하는 데 오랜 시간이 필요하며 무의 생육도 불균일하다. 복토가 얕을수록 배축의 길이는 짧은데 지나치게 얕으면 생육 초기 비바람에 의해 쓰러지기 쉽고 뿌리장애가 발생할 수 있다.

봄철 노지에 바로 파종(직파)할 경우 파종 후 1개월간의 평균 기온이 10℃가 넘을 때쯤 파종해야 후에 꽃대가 올라오는 것(추대)을 피할 수 있다. 하우스나 터널 재배 시 발아촉진과 추대 방지를 위해서 파종 2~3일 전부터 피복자재를 덮어서 지온을 높여준다.

솎음 작업은 잎(본엽)이 1~2매 전개될 때부터 실시하여 본엽 6~7매일 때 끝마쳐야 한다. 노동력의 유무에 따라 작업은 2~3회 실시할 수 있으며 생육이 극히 왕성하거나 불량한 것, 엽색이 특별히 다른 것, 병해충의 피해를 입은 것 등을 솎아낸다.

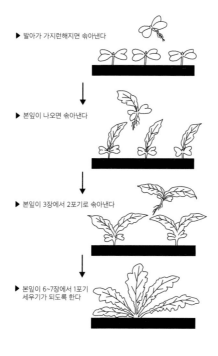

▶ 발아가 가지런해지면 솎아낸다

▶ 본잎이 나오면 솎아낸다

▶ 본잎이 3장에서 2포기로 솎아낸다

▶ 본잎이 6~7장에서 1포기
세우기가 되도록 한다

(그림 4) 무의 솎음질 요령

(2) 발아 생리

종자의 발아에는 수분, 온도, 광 등 몇몇 요인들이 작용하는데 가장 중요한 요인은
토양수분과 온도이다.

- 가. 토양수분

무 종자가 발아할 수 있는 토양수분 범위는 상당히 넓다. 그러나 토양수분이 적으
면 발아까지 시간이 오래 걸릴 뿐만 아니라 발아가 불균일하여 생육이 일정치 못하
게 된다. 파종 시 토양이 건조할 경우에는 아침 및 저녁에 파종 작업을 한다. 토양이
심하게 건조할 때나 하우스와 같이 비가 들어오지 않는 시설에서는 파종 전에 관수
하여 발아와 초기 생육을 촉진하도록 한다.

- 나. 온도

발아 최적온도는 15~30℃, 최저는 4℃, 최고는 35℃이다. 10℃에서도 발아율은 좋지만 발아까지 걸리는 시간이 길다. 하우스 재배 시 터널피복을 하면 발아율을 높일 수 있다. 노지에서 종자가 모두 발아하는 데 걸리는 시간은 여름에는 3일, 하우스 및 터널 재배에서는 10일 전후이다.

라. 일반 관리

(1) 비배 관리
10a당 표준 시비량은 (표 7)과 같고 토양 조건 및 토양 분석 결과에 따라 비료량을 늘리거나 줄일 수 있다. 인산질 비료는 전량 밑거름으로 주며 질소와 칼리는 30~50%를 밑거름으로, 나머지는 웃거름으로 2회 정도 나누어준다. 하우스와 터널 재배에서는 질소질 비료로 요소를 사용하면 분해가 잘 되지 않고 고온기에 암모니아 가스가 발생하여 가스피해가 발생할 수 있으므로 유안을 사용하는 것이 좋다. 미숙퇴비를 사용하거나 웃거름을 한 번에 많이 하면 뿌리에 가스 및 영양 장해를 일으켜 잔뿌리가 많이 나거나 가랑이 뿌리가 발생하기 쉽다. 웃거름의 위치는 포기에서 약 15cm 떨어진 곳에 깊이 10cm 정도로 고루 뿌려주고 흙을 덮어 비료분이 공기 중으로 날아가는 것을 막아야 한다. 미량 요소 중에는 특히 석회와 붕소 결핍이 잘 나타나므로 10a당 75~100kg의 소석회를 전량 밑거름으로 전층 시비한다. 저온 다습, 고온 건조, 질소 및 칼리 과다 시에는 잘 흡수되지 않으므로 생육 중기부터 2~3회 염화칼슘 0.3%액을 엽면 살포한다. 붕사도 10a당 1.5~2.0kg을 밑거름으로 주는데 토양 조건이나 석회 과다 등에 의해 흡수가 곤란해지는 경우가 있으므로 붕산 0.3% 용액을 2~3회 엽면 살포한다.

(표 7) 무의 표준 시비량(kg/10a)

비료명	총량	밑거름	웃거름	성분량
요소	35	13	2회, 각각 11	N : 16
용성인비	60	60		P : 12
염화칼륨	25	9	2회, 각각 8	K : 16
소석회	75	75		
붕사	2	2		
퇴비(계분)	1,000(200)	1,000(200)		

* 웃거름 1회는 파종 후 20일에 포기 사이에 주며, 2회는 1회 후 15일에 이랑어깨 부위에 준다.

(2) 수분 관리

하우스 재배에서는 파종 시의 토양수분이 수확량을 좌우하므로 충분히 관수하고 멀칭해야 한다. 관수가 불충분할 경우 토양 염류 농도가 높아져 무의 생육이 부진해지기 쉽다. 하우스 안은 비가 내리지 않아 토양에 수분이 부족해지기 쉬우므로 웃거름 후에 관수하는 것이 좋다. 관수의 방법으로는 오전 중 이랑에 관수를 하는 것이 효과적이다. 하지만 지나치게 관수하면 과습에 의해 세균성 흑반병, 흑부병 및 균핵병 등이 발생할 수 있으므로 주의해야 한다. 발병의 우려가 있을 경우 살균제를 살포하여 예방한다. 생육 후기에는 과습에 의해서 무의 껍질이 갈라질(열근) 수 있으므로 주의해야 한다. 터널 재배에서 멀칭을 할 때 토양수분이 충분한 상태에서 멀칭하여야 하며 멀칭을 하여도 생육 후기는 건조하므로 적당히 관수해 준다. 침수가 장기간 계속될 경우 뿌리가 호흡 및 양분 흡수를 하지 못하여 생육이 억제되거나 죽는 경우가 있으므로 비가 많이 올 경우 배수관리를 철저히 하여 장기간 물에 잠기지 않도록 해야 한다.

(3) 온도 관리

생육 적온은 15~20℃이며 12~13℃ 이하의 낮은 온도에서는 꽃눈이 생겨 잎의 숫자가 늘어나지 않고 꽃대가 자라기 때문에(생식생장) 무의 상품성이 떨어진다. 하우스 재배의 경우 낮의 고온에 의하여 꽃대가 자라는 것이 방지되기도(이춘화 현상) 한다. 하우스 재배를 할 때 온도가 낮은 11월 하순부터 12월에 파종할 경우 파종 후 0.02~0.03mm의 투명 폴리에틸렌 필름으로 이랑을 멀칭하고 그 위에 폴리에틸렌 필름으로 터널을 만든 후 커튼을 설치하여 보온을 해준다. 파종 후 1주일쯤 후에 발아가 시작되면 면도날로 멀칭 비닐을 십자(+)모양으로 쪼개어 떡잎(자엽)을 멀칭 필름 밖으로 내어준다. 생육 초기에는 주간의 온도를 최고 30℃까지, 생육 중기는 25℃까지, 그 이후는 20℃ 정도로 하여 주는 것이 좋고 야간에는 보온 자재를 이용하여 최대한 보온해준다. 하우스 내의 온도는 주간에는 30℃ 이상으로 올라가다가 야간이 되면 노지보다 더 떨어지는 경향이 있으므로 낮에는 환기를 시키고 밤에는 보온을 해주어야 한다. 잎이 약 20매 전후가 되는 생육 중기 이후에는 뿌리가 급격히 커지게 되는데 이 시기에 커튼 및 터널을 제거하여 주간 온도를 무 뿌리가 자라기 좋은 온도인 18~20℃를 유지해 주어야 한다.

(4) 기타

제초는 될 수 있으면 인력을 이용하는 것이 좋으나 노동력을 구하기 어려운 경우는 제초제를 사용한다. 제초제는 파종 후 2~3일 이내에 사용하며 사용량, 사용 시기, 토양 종류, 기후 조건 및 사용 가능 작물을 고려하여야 한다. 일년생 잡초를 제거하기 위한 제초제는 에스-메톨라클로르티오벤카브 입제/유제, 플루아지포프-피-뷰틸 유제, 클로토딤 유제, 알라클로르 유제 등이 있다. 배추에 적용되는 약세를 무에 살포하는 경우도 종종 있는데 반드시 무 적용 가능 약제를 살포하여야만 약해 피해를 방지할 수 있다. 무 적용 제초제 및 농약에 관해서는 한국작물보호협회 홈페이지(www.koreacpa.org)를 방문하여 무와 관련된 농약을 선택해 정보를 취득하는 것이 좋다. 시설 재배지 그리고 척박한 토양이나 토양이 과습한 상태에서는 제초제에 의한 약해가 일어날 우려가 있으므로 주의하여야 한다.

마. 재배 생리

4월 하순 파종한 무는 파종 후 3일경에 발아가 시작되고 떡잎이 퍼지며(자엽 전개) 그 후 잎(본엽)이 나온다. 잎(본엽)이 3매 정도 나왔을 때(3엽기) 초생피층의 탈피가 시작된다. 이때는 하배축이 지상부에 1~2cm 돌출되어 있으나 그 후 지하로 내려 앉아 파종 후 20일경인 5~6엽기가 되면 하배축이 땅속에 들어가 단단해진다. 파종 후 50일경인 30엽기부터 잎의 수가 급속히 늘어나 하루 평균 0.8매 정도 잎이 나온다. 무의 뿌리는 파종 후 30일경, 잎이 15매 정도일 때 빠르게 커진다. 이 시기 지상부에서는 옆으로 누워 있던 잎들이 수직으로 선다. 파종 후 50~60일 사이에는 하루 60g가량 뿌리가 커진다. 잎의 형태를 보면 제1본엽은 열편이 없는 판엽이고 제2본엽부터 열편이 생긴다. 5~6엽기가 되면 지상부는 품종 고유의 형상을 나타내게 되고 솎음은 이 시기까지 끝낸다.

무의 생육 일수는 재배 기간 중의 온도에 따라 다르며 표준적인 생육을 한 궁중무의 경우 무의 생육상은 다음과 같이 구분된다. 제1기는 발아해서 초생피증이 터지고 하배축이 땅속으로 들어가 포기 밑이 단단해질 때까지인 파종 후 20일 정도로 생육 초기라 한다. 생육 초기는 완만한 생육 시기이나 이 시기에 비바람에 의한 물리적 충격이나 병해충 및 비료의 영향이 크므로 재배 관리에 주의하여야 한다.

제2기는 파종 후 30일경으로 잎의 수는 15개 정도이다. 경엽이 서게 되는 시기로 생육 중기라 한다. 생육 중기에 무 식물체는 잎의 수 및 무게가 현저하게 증가하고 뿌리는 초생피층이 탈피하여 크기가 본격적으로 커진다. 제3기는 생육 후기로 뿌리가 급격히 커지는 시기이다. 지상부에 낙엽이 생기면서 뿌리의 형상이 갖춰지는 뿌리 비대의 완성기이다(그림 5).

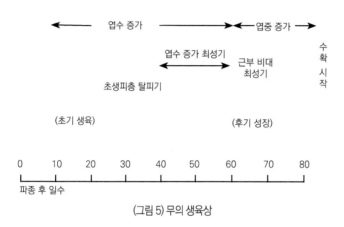

(그림 5) 무의 생육상

02
재배 작형과 품종

무는 서늘한 기후를 좋아하므로 생육 중기에서 후기 사이에 기온이 내려가는 가을 재배가 기본적인 작형이다. 이보다 빠른 여름 재배는 고온에 의한 문제가 있기 때문에 고랭지에서 주로 이루어지고 있다. 늦은 월동 작형은 수확기에 저온으로 인한 냉해 등의 문제로 제주도나 남해안 지역 등 겨울철이 따뜻한 곳에서 주로 이루어지고 있다. 이 밖에 봄 재배 작형은 재배 시기에 꽃대가 자라기(추대) 좋은 조건이어서 무 식물체의 추대가 문제가 되었지만, 꽃대가 늦게 올라오는(만추대성) 품종의 개발로 하우스나 터널 등을 이용하여 재배할 수 있게 되었다.

(표 8) 지역 및 계절별 무의 재배 작형 분화

작형	지역	파종기	수확기
하우스	남부	11월 하~12월	3월 하~4월
	중부	1월 중~2월	4월~5월 상
터널	남부	2월 중~2월 하	5월
	중부	2월 하~3월 중	5월 하~6월 상
노지 봄무	남부	3월 중~3월 하	5월 중~5월 중
	중부	4월 상~4월 중	6월
	북부	4월 중~4월 하	6월 하~7월 상
여름무	고랭지	4월 하~5월	7월~8월 상
	고랭지	6월~7월	8월~9월
	남부해안	6월~7월	8월~9월
가을무	북부	7월 중~8월 상	9월 상~10월
	중부	7월 하~8월 중	9월 하~11월 상
	남부	8월 상~9월 상	11월~12월
월동무	제주도	9월	12월~3월

가. 하우스 재배

(그림 6) 무의 하우스 재배 모습

(1) 재배 방법

재배 기간이 온도가 낮고 낮의 길이가 짧은 겨울부터 온도가 올라가며 낮의 길이가 길어지는 초봄에 걸쳐 있다. 때문에 낮은 온도에 반응하여 꽃눈이 형성되고, 이후 낮의 길이가 길어짐에 따라 꽃대가 자라는 현상에 의해서 무의 품질이 낮아지는 문제가 있다. 주로 경남, 전남 등 따뜻한 곳에서 재배되며 그 외 충남 부여, 경기도 김포 등의 도시 근교에서도 재배된다. 품종은 만추대성, 저온비대성, 내한성 등의 특성을 갖추어야 한다. 지온이 높지 않은 시기의 재배이므로 하우스 내부에 터널을 만들어 보온하고 토양은 멀칭을 하여 지온을 높여줘야 한다. 10a당 표준 시비량은 성분량으로 질소는 15~16kg, 인산은 6~12kg, 칼리는 12~14kg을 준다. 표준 시비량 등은 앞 절의 비배 관리 편을 참고하기 바란다. 관비시설이 갖추어진 하우스 무를 재배할 경우 작물 생육단계별 양분흡수량이 차이가 나며, 그에 따라 필요한 웃거름도 다르게 공급해야 한다. 파종하기 전 토양검정을 실시하여 필요한 밑거름량을 공급하고 파종 후 2주까지(유묘기)는 웃거름은 공급하지 않고, 엽신장기에 접어드는 파종 후 3주부터 표에 있는 양분량을 공급한다. 특히 무는 뿌리가 곧고 깊게 뻗는 식물이므로 될 수 있는 한 깊이갈이를 하고 로터리 작업 전에 계산된 양의 밑거름을 밭 전면에 뿌린 후 로터리한다.

(표 9) 시설 봄 무 생육단계별 웃거름 공급량 (g/10a)

봄무		재배기간(3~6월)	
생육단계 (파종 후 주수)		(수량 1t*, 재식주수 8,000주/10a)	
		웃거름(g/10a)	
		질소(요소)	칼리(염화칼륨)
유묘기	1	–	–
	2	–	–
엽신장기	3~6	222	156
근비대기	7	222	162
	8	150	508
	9	29	547
	10	92	469
	11	203	357
계		1,584	2,665

* 무 1t 생산 기준 공급량임
* 염화칼륨 성분함량 : 칼리 함량 60% 적용

파종기를 앞당겨도 수확기가 그에 비례하여 빨라지지 않으므로 무리하게 일찍 파종하지 않는 것이 좋다. 생육 후기에 질소가 많으면 부패 및 병해 등의 문제가 생기므로 주의해야 한다. 시비와 경운이 끝나면 이랑을 만들고 충분히 관수한 후에 멀칭 비닐을 덮는다. 특히 하우스 재배에서는 충분히 관수하지 않고 멀칭을 하면 염류 집적에 의한 생리 장애가 발생하기 쉽다. 생육단계별 수분관리는 다음과 같다. 파종 시 고랑이 젖을 정도로 충분히 물을 준 경우, 1~2주간은 추가 관수를 하지 않아도 토양수분으로 작물생육이 가능하다. 파종 1~2주 후부터 아래 표의 해당량을 공급한다. 다만 수분보유력이 큰 토양은 1회 공급량 및 관수주기를 늘리고, 작은 토양은 1회 공급량을 줄여서 자주 준다. 제시된 관수량은 점적관수시설이 설치된 경우에 한하며, 그 외의 경우 관수효율을 감안하여 물을 공급한다. 한편 무는 30~50kPa을 관수개시점으로 한다. 하우스가 평탄지에 위치하여 지하수 또는 담수된 주위 논에서 물이 유입되어 작물에 이용될 경우 이를 고려하여 제시된 관수량의 2/3 정도 주고 부족할 경우 나머지를 준다.

한 번에 파종하는 종자의 수는 파종이 빠를 경우는 5립, 늦을 경우는 3립 정도로 한다. 파종 깊이는 종자의 5배 정도가 적당한데 너무 깊이 파종될 경우 발아가 늦어지므로 깊이 파종하지 않는다.

(표 10) 시설 봄 무 생육단계별 관수량   (t/10a)

생육단계	파종 후 주수	봄무 관수량
유묘기	1	–
	2	4.5-5.5
엽신장기	3-5	6.5-7.5
	6	10.5-11.5
근비대기	7	20.5-21.5
	8-11	40.5-41.5
계		217-227

* 8,000주/10a 기준

(표 11) 관수방법에 따른 관수효율

관수방법	점적관수	살수관수	고랑관수
관수효율	90%	70%	60%

예) 고랑관수 일 때, 관수량 = 제시된 관수량 / 관수효율 0.6

솎음은 원칙적으로 2회 실시하는데 1회는 본엽이 3~4매 때, 2회는 6~7매 때 실시한다. 노동력 등의 문제로 1회에 끝내는 경우는 5~6매 때 실시한다. 떡잎의 모양이 이상한 것, 잎의 색이 다른 것, 생육이 극히 빠르거나 늦은 것 등을 솎아준다. 솎음이 완료되면 관수하여 토양과 뿌리가 밀착되도록 하고 특히 뿌리 주위에 흙을 덮어 손으로 가볍게 눌러 배축부를 보호하여 구부러진 무가 생기는 것을 방지한다. 파종부터 발아까지는 터널 및 하우스를 밀폐하여 발아가 균일하게 되도록 하며 발아 후에도 15~20일간은 밀폐하여 온도를 높여서 생육을 촉진시킨다. 이 관리법은 저온이며 일사량이 부족한 12~1월에는 생육에 도움이 된다. 그러나 2월 이후가 되면 일사가 강하고 온도가 상승하여 고온장애가 일어나기 쉽다. 1월 이전에 파종할 경우는 (그림 7)과 같이 하우스 내에 커튼 및 터널을 설치하여 이중 피복을 해준다.

커튼

하우스

터널
멀칭

(그림 7) 무 하우스 재배의 보온 방법

온도 관리를 위하여 파종 후 0.02~0.03mm의 투명 멀칭 필름으로 이랑을 완전히 멀칭하고 그 위에 폴리에틸렌 필름으로 터널을 만들고 커텐을 설치하여 보온을 충분히 해준다. 파종 후 1주일쯤 지나면 발아하기 시작하는데, 자엽이 나온 부분의 멀칭 필름을 면도날을 이용해 십자(+) 모양으로 찢어 떡잎을 멀칭 필름 밖으로 내주어야 한다.

온도 관리는 주간의 경우 생육 초기 본엽 5~6매 때까지는 최고 30℃, 생육 중기에는 25℃, 그 후는 20℃ 정도로 해주는 것이 좋다. 야간은 보온 자재를 이용하여 최대한 보온해 준다. 특히 하우스 내의 온도가 주간에는 30℃ 이상 올라가다가 야간에는 노지보다 더 떨어지는 경향이 있으므로 환기는 낮에 시키고 야간에는 보온에 주의해야 한다.

무는 산소요구도가 높으며 특히 침수가 되면 뿌리에 장해가 생기는 등 내습성이 매우 약한 작물이다. 그러나 근 비대가 왕성한 생육 후기에는 잎의 증산이 많아져 수분요구도가 높아지므로 관수를 충분히 해주어야 한다. 이 시기에 수분이 부족하면 단근이 되고 뿌리가 커지지 않아 품질이 저하된다. 관수 방법은 이랑 관수가 일반적이며 멀칭 비닐 밑에 점적관을 설치하거나 지상부에 노즐을 설치한다. 잎 위에서 한 번에 많은 양을 관수하면 과습에 의해 생육불량이 될 수 있으므로 조심해야 하며, 관수는 맑은 날 오전에 하는 것이 일반적이다.

일반적으로 봄철 무 재배 시 저온에 의해 꽃눈이 생기고 생육 후기에 꽃대가 올라오기 쉽다. 그러나 꽃눈이 생기더라도 꽃대가 올라오기 전에 수확하면 문제가 없으므로 꽃대가 올라오기 전에 근 비대에 필요한 엽수를 확보할 필요가 있다. 근 비대에 필요한 엽수는 품종에 따라 다르나 보통 30~40매 정도면 수확이 가능하다. 추대방지 대책으로 가장 중요한 요인은 품종으로 만추대성 품종을 사용해야 한다.

나. 터널 재배

(그림 8) 무 재배 모습　　　　　　　(그림 9) 터널 재배의 환기 방법

(1) 재배 방법

터널 재배 역시 하우스 재배와 마찬가지로 파종을 빨리 하여도 수확 시기는 그에 비례하여 빨라지지 않으므로 무리하게 일찍 파종하지 않는 것이 좋으며, 품종별로 권장하는 파종기를 따라 재배해야 한다. 발아 직후 벼룩잎벌레의 피해가 심하므로 방제를 해준다. 온도 관리는 생육 초기는 주간 30~35℃로 약간 높게 하며, 뿌리가 커지는 생육 후기는 20℃ 정도로 관리한다. 터널 재배는 하우스 재배보다 외기의 영향을 많이 받으므로 생육 초기는 밀폐를 잘 시켜서 보온에 유의해야 한다. 또 생육 후기의 고온은 생육을 급격히 저하시키므로 환기를 잘하여 온도를 낮춰야 한다. 환기할 때는 급격히 행하지 않고 서서히 순화를 시켜 나가야 한다. 환기가 3월 상순부터 시작될 경우 야간에는 몹시 추우므로 보온을 병행하여야 한다. 순화 기간은 약 일주일 정도로 처음에는 조금씩 시작하여 서서히 증가시킨다. 주야간 동시에 환기시키는 고정 환기법은 순화 이후에 시작하는 것이 좋으며 야간 온도가 너무 낮아지

지 않도록 주의해야 한다. 일반적으로 파종부터 본엽이 5매 정도 전개될 때까지는 충분히 보온관리를 해주고 그 후 터널 상부에 (그림 9)와 같이 직경 5cm 정도의 구멍을 띄엄띄엄 뚫거나 옆을 10cm 정도 열어 서서히 환기를 시키다가 4월 상순 이후에는 완전히 터널을 제거한다. 2월에는 피복을 이중으로, 3월에는 피복을 한 겹으로 하여 터널을 설치한다. 이때 가스 피해가 자주 발생하므로 이를 막기 위해 요소비료 대신 유안(황산암모늄)을 사용하는 것이 좋다. 생육 후기에 질소의 효과가 높으면 부패 등의 문제가 생기므로 완효성 비료를 사용한다. 2~3월에는 지온이 충분치 않으므로 멀칭을 하는 것이 좋다. 기타 재배 요령은 하우스 재배 요령에 준하여 실시한다. 수확 시기 및 꽃대 방지 요령은 하우스 재배와 같다.

다. 노지 봄 재배

(1) 재배 방법

노지 봄 파종을 위해서는 1개월간의 평균 기온이 10℃가 넘는 날로부터 파종해야 꽃눈분화의 위험을 피할 수 있다. 파종기가 너무 늦어지면 공동증, 적심증, 흑심증, 연부병 등 수확기 고온에 의한 장애 및 병해가 발생하므로 주의해야 한다. 주로 3~5월에 파종하여 6~7월에 수확하는 작형으로 투명필름을 이용한 멀칭 재배를 하며, 수확기까지는 60~70일이 걸린다. 재배토양은 경토가 깊고 배수가 좋은 토양이 좋다. 연작장해를 피하기 위하여 윤작 및 객토를 실시하거나 발병 가능한 재배지는 토양소독을 한다. 상품성이 좋은 무를 수확하려면 심경로터리 및 심토파쇄기를 이용하여 토양을 부드럽고 통기성이 좋게 만들어 공기 순환 및 배수를 좋게 한다. 경운 후 토양이 충분히 가라앉으면 파종한다. 10a당 6,000주가량을 목표로 1파구에 4~5립씩 파종하고 1.5~2cm의 복토를 하고 가볍게 두드린다.

무를 봄에 재배할 때는 멀칭 재배를 하는 것이 좋다. 멀칭 재배는 지온을 상승시키고 무 식물체의 생육을 균일하게 하여 무의 품질을 향상시킨다. 또한 진딧물이 잘 날아들지 않으므로 바이러스 방제 효과가 있으며 지온의 확보로 뿌리 비대를 촉진시킨다. 거름 주는 양은 비배 관리 편을 참고하기 바란다. 파종 직전에 퇴비를 줄경우 근 표면의 악화 및 기근 등의 생리 장애가 발생할 수 있으므로 완숙퇴비를 파종 전에 미리 사용한다.

라. 여름 재배

(그림 10) 양구 지방의 노지 여름무 재배 모습

(1) 재배 방법

고랭지 및 해안 지역에서 주로 재배되는 작형으로, 온도가 높고 일사량이 많으며 일조시간도 길어서 다른 작형에 비해 생육 기간이 짧다. 반면 품질 저하 및 노화가 빨리 일어나며 바이러스병, 연부병 등의 병해와 배추좀나방, 벼룩잎벌레 등의 충해 그리고 적심, 흑심, 공동증 등의 생리 장애 현상이 많이 발생한다. 추대도 문제가 될 수 있다.

여름 재배는 4월 말 및 6월 파종 2가지로 나뉘는데 조파용은 봄무를, 만파용은 내병 및 내서성이 있는 품종을 사용한다. 퇴비는 완숙퇴비로 10a당 1~2t을 주며 시비는 밑거름을 위주로 하여 성분량으로 질소 16kg, 인산 6~12kg, 칼리 16kg을 살포한다. 지온이 아직 낮은 6월 이전의 조기 파종의 경우는 투명 비닐 멀칭을 하고, 지온이 상승하는 시기에 파종 및 잡초 문제가 심각한 경우는 흑색 비닐 멀칭을 한다. 파종 간격은 외줄은 조간 50~60cm, 2줄 파종은 조간 120cm로 하고 주간은 25~30cm로 한다. 1구당 4~5립씩 파종한다. 여름무는 생육이 빨라서 파종 후 50~60일이 지나면 수확이 가능한데 수확 적기에서 며칠만 지나도 무의 내부에 바람이 들기 때문에 주의해야 한다. 수확은 될 수 있으면 온도가 낮은 아침에 하는 것이 좋다.

마. 가을 재배

(1) 재배 방법

7월에서 9월 초에 파종하여 10월에서 11월 사이에 수확하는 작형으로 온도가 알맞아 우수한 품질의 무를 생산할 수 있다. 전국에 걸쳐 재배되며 생산량도 가장 많은 무 재배의 주요 작형이다. 주로 중북부 지방에서는 일찍 파종하고 남부 지방에서는 늦게 파종한다. 조기 파종의 경우 고온으로 인한 생리 장애 및 병해충의 문제가 있으며, 늦게 파종하는 경우는 생육 후기 낮은 온도로 인해 뿌리가 잘 커지지 않을 수 있다.

토질은 사양토 혹은 양토가 좋으며 통기성을 높이려면 완숙퇴비를 10a당 1t가량 사용한 후 로터리로 여러 차례 심경한다. 10a당 시비량은 성분량으로 질소 16kg, 인산 6~12kg, 칼리 16kg을 표준으로 하며 생육 초기에 질소의 비효를 높여주며 후반부에 필요한 양은 미리 밑거름으로써 유기물과 완효성 비료를 시용한다. 기타 시비 요령은 앞 절의 비배 관리 편을 참고하기 바란다.

재식거리는 외줄의 경우 이랑 폭 60cm에 전후 주간은 24~25cm로 하여 1구에 3~5립씩 점파한다. 솎음은 원칙적으로 2회 실시하며 1회는 본엽 3~4매에 2회는 5~6매에 실시하는데 솎음 후 흙으로 줄기 부분을 덮어 준다.

무를 일찍 파종할 경우 고온 건조한 시기에 파종하므로 파종 후 건조를 방지하고 지온을 낮추기 위해 짚이나 왕겨 등으로 덮어준다. 초기에 한냉사로 피복해 주면 지온 저하 효과와 진딧물과 좀나방 등의 침입을 방지하여 바이러스를 예방하는 효과가 있다. 저온 처리를 받지 않더라도 해에 따라 고랭지 및 가을 조기 재배에서 고온, 장일, 강광 조건에 따라 불시 추대가 발생하는 경우가 있으므로 가능한 한 적기에 파종하고 오래된 종자는 사용하지 않는 것이 좋다.

늦게 파종할 때에는 재배 초기에 질소 비효를 높여 초기 생육을 촉진시키는 것이 좋다. 생육 후반기에는 무가 낮은 온도에서 자라므로 한냉사 등으로 피복해 주며 갑자기 한파가 닥칠 경우는 비닐 등으로 덮어두거나 뽑아서 가매장한다.

바. 월동 재배

(그림 11) 제주도 월동무 재배 단지

우리나라에서는 제주도에서만 재배 가능한 작형으로 9월 말부터 10월에 걸쳐 파종하여 다음 해 2월에 수확한다. 저온, 단일, 일조 부족 등 생육 조건이 좋지 않으므로, 내한성이며 저온에서 뿌리가 잘 자라고 바람들이와 추대가 늦은 품종을 선정해야 한다. 뿌리썩이선충의 피해가 많으므로 파종 전 살충제로 토양 소독을 하는 것이 좋다. 메리골드를 이용하여 방제코자 할 경우 4~5월경 심어서 3개월간 재배한 후 로터리로 분쇄하여 갈아엎으면 된다.

파종 시 고온 건조할 경우 약간 깊게 심으며 10월 10일 전후에 비닐 멀칭을 한다. 솎음을 1회만 실시할 때는 발아 후 25~30일에 실시한다. 2회 실시할 때는 발아 후 15일경에 2주를 남기고, 25일경에 1주를 남기면 된다. 솎음을 빨리 하면 생육과 비대는 빠르나 뿌리 무게가 제각각인 반면 솎음이 늦으면 수확까지 기간은 오래 걸리지만 뿌리 무게가 균일하여 일시 수확에 유리하다. 성토는 솎음 후 1주일 이내에 행한다. 1월경에 수확할 때는 1회로 충분하고, 2월경에 수확할 때는 생육을 촉진시키기 위해 2회 실시한다.

재배 도중 이상난동으로 무의 비대가 너무 빠를 경우 12월 상순에 이랑을 따라 엽 끝을 20cm 정도 잘라 주면 수확기가 7~20일 늦춰진다. 생육을 촉진시키고자 할 때는 생육 도중 멀칭을 하면 7~14일 수확을 앞당길 수 있다. 바이러스 및 세균성 흑반병에 감염된 잎은 내한성이 현저하게 약해지므로 병해 예방에 주의하여야 한다.

03

알타리무

알타리무는 북지형 작은 무 계통으로 전분질은 비교적 많으나 저장성이 약한 극 조생종 무이다. 재래종인 서울봄무를 개량하여 육성한 무로서 1970년대 중반부터 전국으로 확대되었다. 춘추알타리가 처음 소개된 후에 작부체계에 따라 다양하게 재배할 수 있는 알타리무가 많이 육성되었다. 생육 기간은 40~50일이며 최근에 소비자의 기호에 맞추어 다듬기 편한 판엽형(치마형) 알타리 품종도 육성되어 보급되고 있다.

가. 하우스 알타리무 재배

(1) 하우스 알타리무 재배 현황
무 시설 재배 면적 중 알타리무가 차지하는 비중은 2%가량으로 부산, 영암, 정읍, 부여 등 주로 남부 지방과 일부 서해안 지역 및 대도시 근교에 소형 단지를 이루어 재배하고 있다. 3월 중순부터 4월 중순까지 출하된다. 하우스 알타리무 재배는 재배 일수가 짧아서 후작으로 여러 가지 엽채류 및 과채류를 재배할 수 있어서 시설의 이용 효율을 높일 수 있다.

(표 12) 하우스 알타리무 단지별 재배 시기

지역	파종 시기	수확 시기	수확 후 작물
부산권 (낙동강변, 밀양 등)	12월 중순 ~1월 상순	3월 중순 ~4월 상순	엽채류(열무, 시금치 등) 과채류(고추, 수박 등)
광주권 (영암, 나주, 송정 등)	12월 중순 ~1월 상순	3월 중순 ~4월 상순	수박 및 일부 엽채류
전주권 (정읍, 고창, 부안 등)	12월 중순 ~1월 상순	3월 중순 ~4월 상순	주로 수박
충청권 (부여, 예산, 청주 등)	12월 하순 ~1월 중순	3월 하순 ~4월 중순	과채류

(2) 생육 환경

알타리무는 발아 후 12℃ 이하의 저온에서 일정기간 경과하면 꽃눈이 분화되는 종자춘화형이다. 이후 장일 조건에 의해 개화하면 상품의 가치가 없어지므로 만추대성 품종을 선택하고, 생육 기간 중 낮은 온도에서 자라지 않도록 재배에 주의해야 한다. 저온 감응 정도는 품종과 생육 단계에 따라 다른데 일반적으로 자엽이 전개될 때가 가장 예민하고 생육이 진전되면서 점차 둔화된다. 하우스 재배의 경우 야간에 저온 감응을 받더라도 주간 온도가 25~30℃ 이상 되기 때문에 이춘화 현상이 일어나 꽃눈분화가 억제되는 경우도 있다.

알타리무도 일조량이 풍부해야 광합성이 충분히 이루어지고 합성된 동화물질이 뿌리에 잘 축적되는데, 일조가 부족하면 잎만 무성하게 자라고 뿌리 비대는 저하된다. 따라서 낮에는 하우스 내의 이중 터널을 벗겨 주는 등의 일광 및 하우스 내 온도 관리에 힘써야 한다. 알타리무의 토양 적응성은 넓은 편이지만 일반적으로 표토가 깊고 보수력이 있으면서 배수가 잘되는 사질양토가 좋다. 사질토에서는 발육이 빠르지만 무 식물체가 추위에 약하게 되고 무 뿌리의 품질이 저하되며 저장력이 떨어지는 편이다. 점질토에서는 노화가 늦고 육질이 치밀하여 바람들이가 억제되지만 표피가 거칠어지고 잔뿌리가 많이 나온다. 우리나라 서해안 지방의 알타리무는 대부분 점질 황토에서 재배되어 다른 지방의 것보다 높은 등급을 받고 소비자들도 선호하는 경향이 있다. 재배 토양의 pH는 5.8~6.8의 범위로 비교적 약산성에서도 재배가 된다.

(3) 품종 선택

알타리무의 하우스 재배 시 파종 후 40~50일이 되면 뿌리의 무게가 100g 내외가 되어 수확할 수 있다. 하우스 재배에 적합한 품종은 먼저 만추대성 품종으로 개화가 늦어야 하며 소비자의 기호에 알맞은 품종 고유의 모양을 갖추고 있어야 한다. 다발무로서 일정한 크기와 수송 편이성을 갖추는 것이 선호된다. 과거에는 밑동이 볼록한 품종이 주류였으나 최근에는 다듬기 편한 치마형 품종이 많다. 상품은 맛이나 육질 등 품질이 우수해야 하고 낮은 온도나 약한 빛에서도 뿌리가 잘 커야 하며 생육 기간이 짧은 것이 좋다.

(4) 재배 방법

파종은 멀칭하여 점뿌림하는 방법과 토양에 직접 점뿌림 또는 줄뿌림하는 방법이 있는데 멀칭용 비닐 중 알타리무 재배에 적당한 10~15cm 간격으로 구멍이 뚫린 것이 있어 이를 이용하면 편리하다. 일부 지방에서 오래전부터 해 오는 흩어뿌림 방법은 짧은 시간에 많은 면적을 파종할 수 있으나 종자값, 관리비, 상품성 등을 고려하여 볼 때 경제성이 낮으므로 좋지 않다.

시비량은 품종, 재배 방식, 지역에 따라 다르므로 성분량을 기준으로 10a당 질소 8kg, 인산 6kg, 칼리 8kg을 시용하고 잘 썩은 퇴비나 계분을 적당량 시비한다. 석회 100kg, 붕사 2kg 정도를 전량 밑거름으로 하되 생육 기간 중 잎이 자라는 상태를 보고 엽면시비 등의 방법으로 웃거름을 줄 수 있다. 생육 초기에 잎을 충분히 확보해야 뿌리의 비대가 좋아지는데, 생육 후기에 질소비료를 많이 시용할 경우 잎만 무성해지고 뿌리는 잘 자라지 않으므로 유의해야 한다. 미숙퇴비나 웃거름을 한꺼번에 많이 시용하면 잔뿌리가 많이 생기거나 기근이 발생하기 쉽다.

알타리무는 고온에서 재배할 경우 잎만 무성하고 뿌리의 비대가 불량해지며 낮은 온도에서는 꽃눈분화가 일어나 상품성을 잃게 되므로 온도 관리가 중요하다. (그림 12)에서 보는 바와 같이 하우스 안에 이중터널 및 멀칭 등으로 보온관리 하고, 본엽 5~6장 이상이 되는 생육 최성기에는 야간에 보온하고 낮에 환기를 하여 잎이 무성하게 자라는 것을 막아야 상품성이 높은 알타리무를 생산할 수 있다.

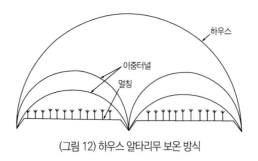

(그림 12) 하우스 알타리무 보온 방식

적당한 환기를 통하여 생육 중기 이후 맑은 날 하우스 안의 온도가 25℃를 넘지 않게 관리하는 것이 좋다. 맑은 날 환기를 하지 않거나 환기를 조금만 하여 하우스 안의 온도가 30℃를 넘으면 잎만 무성하게 되므로 주의해야 한다.

(5) 생리 장애와 병해충

하우스 알타리무 재배 시 많이 발생하는 생리 장애로는 조기추대, 가랑이 뿌리(기근), 뿌리터짐(열근), 바람들이 현상 등이 있으며 자세한 내용은 무의 생리 장애 편에 기술되어 있다. 병해충은 재배 시기가 저온기이므로 특별한 해가 없어 거의 무농약으로 재배할 수 있다. 해에 따라 연작이나 과습, 저온 등의 원인으로 세균성 점무늬병 등이 발생될 수 있는데 자세한 내용은 무의 병해충 진단과 방제 편에 기술되어 있다.

(6) 하우스 알타리무 재배 시 유의사항

12℃ 이하의 낮은 온도에서 무를 재배하면 추대하여 상품성이 떨어질 우려가 있으므로 파종기를 지나치게 앞당기거나 수확기를 너무 늦추지 않아야 한다. 솎음질을 게을리하여 빽빽하게 심겨 있거나 질소 비료가 과다하면 잎이 지나치게 무성하고 뿌리가 잘 자라지 못하므로 솎음과 시비에 유의하여야 한다. 이 밖에도 환기 등 환경관리를 철저하게 하지 않으면 잎이 지나치게 많이 자라게 된다. 같은 하우스 안이라 할지라도 하우스 가장자리보다 안쪽이 뿌리의 비대가 양호하면서 잎도 무성하게 되는데, 하우스 가장자리와 출입문 쪽은 아무래도 온도가 낮아서 뿌리가 잘 자라지 못하는 경향이 있다. 상품성 있는 알타리무는 하우스 가운데 부분에서 자란 것이므로 이 부분의 잎이 지나치게 무성해지지 않도록 환기를 잘 해주어야 한다.

생육 시기별 온도 관리는 생육 초기에는 최고 30℃, 중기에는 25℃, 후기에는 20℃ 정도로 관리하는 것이 좋으며, 야간에는 노지보다 온도가 더 낮아지는 경향이 있으므로 보온자재를 이용하여 보온해 주어야 한다.

나. 터널 알타리무 재배

(1) 터널 알타리무의 재배 현황

시설 재배의 일종인 터널 재배는 하우스 재배보다는 시설투자 비용이 적고 관리가 간편하여 전국적으로 많이 재배되고 있는 작형이다. 하우스 재배 면적보다 많은 면적이 단지권 및 비단지권에서 재배되고 있는데, 단지권에서는 주로 대도시 출하를 목적으로 하며 비단지권에서는 대개 그 지방의 소규모 출하를 목적으로 한다. 단지별 터널 알타리무의 재배 시기와 수확 후 작물 및 주 출하 장소를 알아보면 (표 13)과 같다.

(표 13) 단지별 터널 알타리무의 재배, 후작물 및 출하 장소

지역	파종 시기	수확 시기	수확 후 작물	출하 장소
부산권 (낙동강변 등)	2월 중~ 2월 하순	4월 중~ 5월 초순	엽채류(열무, 시금치, 솎음배추 등)	부산, 대구, 서울
광주권 (영암, 나주 등)	2월 중~ 2월 하순	4월 중~ 5월 초순	수박 및 엽채류	광주, 목포, 서울
전주권 (정읍, 고창 등)	2월 상~ 2월 하순	3월 중~ 4월 초순	대부분 터널 수박	전주, 광주, 서울
충청권 (서산 등)	2월 하~ 3월 중순	4월 하~ 5월 중순	소형무, 봄무, 노지 알타리	대전, 천안, 서울
경기권 (화성, 평택 등)	2월 하~ 3월 중순	4월 하~ 5월 중순	소형무, 봄무, 노지 알타리, 수박 등	서울, 인천 등 수도권

(2) 생육 환경 및 품종 선택

터널 재배 시 알타리무 발아적온인 25℃ 정도까지는 주간에 쉽게 올라가고 야간에도 크게 영하권으로 내려가지 않으므로 발아에 별다른 문제가 없어 파종 후 일주일

내외에 발아한다. 터널 재배도 낮은 온도에 의하여 꽃대가 올라오는 것이 문제인데, 해에 따라서는 하우스보다 더 문제가 되기도 한다. 특히 2월 상순경 파종하는 경우 생육 초기의 낮은 온도 때문에 수확기를 늦추면 꽃대가 올라오는 경우가 많으므로 주의해야 한다. 대개 4월 초순경에 터널 비닐을 벗기므로 일조량은 충분하여 하우스 재배처럼 잎이 지나치게 무성하게 자라지 않으며 위치에 따른 뿌리 크기의 차이는 훨씬 적게 나타난다. 토양은 사질토나 점질토를 가리지 않고 재배할 수 있으므로 벼를 심을 논이나 산간 구릉지 밭에서도 재배가 가능하다. 논에 재배할 경우 지나친 과습으로 표피가 거칠어지고 뿌리가 긴 쐐기 모양 등으로 이상 비대하는 현상을 조심해야 하며, 산간 구릉지 밭의 경우는 위치에 따라 수분함량이 다를 수 있으므로 관수에 유의해야 한다.

(3) 재배 방법

파종 방법은 기존의 줄뿌림이나 흩어뿌림보다는 10~15cm 간격으로 점뿌림을 하는 것이 고품질의 알타리무를 생산하는 방법이다. 최근에는 멀칭 비닐에 미리 10~15cm 간격으로 구멍을 뚫어 판매하므로 이를 구입하여 재배하면 편리하다. 시비량은 하우스 재배에 준하여 시비하며 생육 기간 중 비료분이 부족하다고 판단되면 엽면시비를 1~2회 실시한다. 간혹 미숙 퇴비를 사용하여 가스피해가 발생하는데 이럴 경우는 다소 생육이 늦어지더라도 주간 및 야간에 환기를 충분히 하여 가스 피해를 최대한 줄여야 한다.

솎음 작업은 노동력의 유무에 따라 2회가량 실시할 수 있으나 보통은 본엽이 2~3매 일 때 1회로 끝내는 것이 노동력 절감 면에서 유리하다. 솎을 때는 생육이 현저하게 왕성하거나 뒤떨어진 것과 잎의 모양이 병해충 등으로 인하여 기형으로 변한 것 등을 솎아주면 된다.

본엽이 5~6매이고 터널 내의 온도가 맑은 날을 기준으로 25℃ 이상이 되면 환기를 시켜야 하는데 환기에 따라 품질의 차이가 많이 나므로 주의하여야 한다. 환기법으로는 터널의 비닐을 처음에는 앞뒷면만 말아 주었다가 차츰 터널 옆을 대나무나 철사 등을 이용하여 고정하는 방법이 있다. 이 방법은 터널 비닐을 재활용할 수 있으나 아침저녁으로 비닐을 열고 닫는 노력이 필요하고 작업도 불편하여 소규모 재배 시 가능한 방법이다. 솎음이 끝나고 온도가 올라가기 시작하면 터널 비닐에 직접 구멍을 뚫는데 처음에는 적게 뚫어주고, 이후 온도가 상승하면 많이 뚫어준다. 이 방법을 사용하면 비닐을 한 번밖에 사용하지 못하지만 환기량 조절이 수월하여 생육이 고르게 되므로 상품 가치가 높은 알타리무를 생산할 수있다. 노동력도 적게 들어 대규모 재배 시 유리한 방법이다. 본엽이 터널 비닐에 거의 꽉 차고 터널 내부 온도도 환기 방법으로는 조절하기 어려운 시기가 되면 비닐과 골조를 뽑는다. 또한 되도록 수확 적기에 수확해야 바람들이 등의 생리 장애가발생하지 않는다.

(4) 생리 장애와 병해충

터널 재배 시 발생하는 생리 장애는 하우스 재배와 같다. 생리 장애에 관한 자세한내용은 무의 생리 장애 편에 기술되어 있으므로 참고하기 바란다.
터널 재배 작형은 초기에는 저온에서 재배하지만 후기에는 고온에 접하게 되고 터널도 벗기므로 병해충이 약간 발생한다. 대표적인 것으로 잎에 검은 반점이 생기는세균성 흑반병, 배추 벼룩벌레, 진딧물 피해 등이 있다. 이들의 자세한 진단과 방제방법은 무의 병해충 진단과 방제 편에 기술되어 있다.

(5) 터널 알타리무 재배 시 유의사항 및 문제점

재배 시기는 2월 초순에서 5월 중순경이므로 낮은 온도에 의한 꽃눈분화 및 꽃대가 올라오는 문제(추대)가 발생하는데, 추대가 되면 근의 생장이 정지되고 이미생장된 근은 목질화가 일어나 먹을 수 없게 되므로 상품성을 잃게 된다. 이를 방지하려면 낮에는 터널이 비바람 등에 의해 날아가지 않도록 주의하며 밤에는 보온을 해 주는 등 관리를 철저히 해야 한다. 이 밖에도 환기가 불량하면 잎만 무성해지고 뿌리가 잘 자라지 않아 생육에 좋지 않은 영향을 주게 되므로 본엽이 5~6매가 되면 터널 내의 온도가 25℃ 이상이 되지 않도록 환기를 잘해 주어야 한다. 알타리무는 수확기를 적기에서 조금만 늦춰도 바람들이, 뿌리터짐 등의 문제가발생하므로 출하 가격이 낮게 형성되더라도 수확기에 맞춰 수확해야 한다. 한 번에 모두 파종하면 가격이 낮을 때 무를 모두 출하해야 하므로 가격 폭락을 방지하기 위해서는 파종 시기를 다르게 하여 각각 다른 시기에 수확하는 것이 좋다. 터널 재배는 시기적으로 하우스 작형과 노지 작형의 중간에서 형성된 작형이다. 하우스 알타리무의 수확이 4월경에 끝나게 되면 남부 지방부터 터널 알타리무의 수확이 시작되어 중부, 북부의 순으로 재배되며 터널 작형이 끝날 즈음 노지 알타리무의 수확이 시작된다. 하우스 및 노지 재배 작형과 출하기가 겹쳐서 가격 하락이 종종 발생하는데 가격의 등락폭이 커서 재배 농가에 손실이 많다.

다. 노지 재배

터널 재배가 끝나는 5월 중순경이나 그 이전에 파종되어 파종 후 35일 전후에 수확하는 작형이다. 중부 지방을 기준으로 하면 늦은 서리의 피해도 피할 수 있어 비교적 안심하고 재배할 수 있는 시기이다. 현재 시판되고 있는 춘파용 알타리무 품종들은 어느 품종이든 노지 재배가 가능하다.

(1) 노지 알타리무 재배 현황 및 경영 특성

터널 알타리무와 비슷한 주산단지를 형성하고 있다. 충남 서산시와 경기 화성시 지방은 예로부터 알타리무가 재배된 지역으로 현재도 넓은 면적에서 재배되고 있다. 이 밖에 전국 어디서나 재배가 이루어지고 있으나 여름철 고온과 장마에 접하게 되면 연부병, 세균성 흑반병 등의 병해로 재배가 곤란하게 된다. 이 작형은 재배 지역이 광범위해 가격 폭락이 항상 우려되는 작형이므로 대면적 재배 시에는 이 점을 유의해야 한다. 또한 수확 시기의 기후 특성상 양질의 알타리무를 생산하기 곤란한 경우가 많으므로 수확 시기를 잘 조절해야 한다.

(2) 생육 환경 및 품종 선택

생육 초기에는 주간 온도가 보통 20℃ 내외로 무 생육에 좋은 조건이며 야간 온도도 영하로 내려가는 일이 없는 시기이다. 생육 후기는 기온이 상승하는데 장마기에 접하지 않으면 큰 문제가 없다. 일조도 충분하여 광합성이 활발하게 이루어지고 합성된 동화 물질이 뿌리에 잘 축적되는 시기이다. 파종 전에 밭갈이를 잘 해야 잔뿌리 발생도 적고 표피가 거칠어지는 증상도 덜 나타난다. 특히 황토질 토양에서는 밭을 잘 갈아야 상품성 있는 알타리무를 생산할 수 있다.

(3) 재배 방법

노지 재배 시 종자 소요량은 파종 방법, 파종 시기, 재배자의 취향 등에 따라 다르지만 노지 직파일 경우 10~15cm 간격으로 파종한다면 10a당 2L(1되)가량 필요하다. 노지 재배의 시비는 10a당 질소 16kg, 인산 8kg, 칼리 16kg 정도를 전량 밑거름으로 시용하며 밭의 토질에 따라 시용량을 늘리거나 줄일 수 있다. 이때 완숙퇴비와 붕사 등을 함께 사용하면 좋다.

파종 후 수분이 적당하면 3~4일에 발아가 되는데 비가 오지 않아 가물 경우 발아가 현저히 저하되어 이후 뿌리 비대가 불균일하고 출하에 문제가 발생할 수 있다. 발아를 균일하게 하기 위해서는 분수 호스 등의 인공 관수를 하거나 비가 온 후 재배지의 수분이 충분할 때 파종해야 한다. 발아 후의 솎음이나 관리법은 노지 재배 무에 준하여 실시하며 파종 후 35일경에 수확 가능하다.

(4) 생리 장애와 병해충

노지 알타리무 재배 시에는 높은 온도에 의한 뿌리의 균열 갈변증상, 가랑이뿌리(기근), 바람들이 등의 생리 장애가 발생한다. 자세한 내용은 무의 생리 장애 편에 기술되어 있다. 온도가 높아지는 시기에 재배하므로 다양한 병해충이 발생할 수 있는데 특히 배추좀나방의 피해는 우리나라 전역에서 매년 심하게 발생하여 십자화과 작물에 큰 피해를 입히고 있다. 이 밖에 생육 초기 벼룩잎벌레 유충에 의한 피해와 세균성 흑반병 등이 알타리무의 노지 재배에서 문제가 되는데 자세한 내용은 무의 병해충 진단과 방제 편에 기술되어 있다.

라. 가을 재배

알타리무는 노지에서 재배기간이 다른 작물에 비해 짧아서 영농비가 적게 들며 토지의 이용 효율도 높일 수 있다. 본격적인 김장철 이전인 8~9월에도 알타리무를 이용하여 김치를 담글 수 있어서 국민 보건 채소로서의 기능도 있고, 총각김치의 소비도 꾸준하여 알타리무의 소비를 촉진하고 있다.

(1) 가을 알타리무의 재배 현황 및 경영상 특성

가을 알타리무는 전국적으로 재배되고 있는데, 서해안 황토지대에서 생산된 알타리무의 인기가 높아 주산단지를 이루고 있다. 주산단지에서는 원교농업의 형태로 대도시 시장으로 출하되고 중소도시 인근에서는 근교농업의 형태로 출하되고 있다. 가을 알타리무는 배추와 더불어 김장용으로 이용되고 있으며, 추석용 김치로도 다량 출하되고 있는데 이를 위해서는 추석 날짜를 역으로 계산하여 40~45일 전후에 파종하면 된다. 가을 알타리무는 파종 후 30일 내외면 수확이 가능하고 특별한 시설 등이 필요 없다. 또 재배가 간편하여 조방적인 농업이(자본과 노동력을 적게 들이고 주로 자연환경 그대로 짓는 농업) 가능하고 다른 작물과 돌려짓기를 할 수 있다는 장점이 있다.

(2) 생육 환경 및 품종 선택

가을 날씨는 알타리무 재배에 적합한 환경이며 병해충 발생도 적기 때문에 양질의 알타리무 생산에 적합하다. 광도와 일장은 추대와 밀접한 관련이 있는데 가을 재배 시에는 문제가 되지 않는다. 발아 및 생육을 균일하게 하기 위해서 재배지 용수량의 70% 내외의 수분이 있어야 한다. 고온 건조한 조건에서는 발육이 억제되며 쓴맛과 매운맛이 증가하므로 주의해야 하고, 습해에도 매우 약하므로 토양 수분관리에 주의해야 한다. 재배 품종은 각 회사에서 추천하는 품종을 이용하면 좋은데 재배 목적에 따라 선택하면 된다. 가을 조기 재배를 위해서는 일찍 수확할 수 있는 품종이 유리하며 김장용 품종은 잎이 튼튼하고 늦게 수확하는(만생종) 품종이 유리하다. 알타리무를 이용한 총각김치는 일반무와 달리 잎을 이용하므로 잎의 상태도 품질에 영향을 미친다. 가을 김장을 위한 재배에서 수확기에 기온이 영하권으로 내려가 지상부에 동해를 주어 잎이 망가지는 일이 많기 때문에 잎의 상태가 양호한 것이 좋은 가격으로 거래가 된다. 그리고 조생종의 경우 수확 시기를 늦추면 바람들이 등의 현상이 심한 반면 만생종은 바람들이가 그다지 심하지 않아 출하 시기 조절이 유리하다.

(3) 재배 관리 및 기술

파종, 시비 및 일반 관리법은 앞의 다른 알타리무 관리법과 같다. 가을 재배는 가을 늦추위에 잎을 보호하는 방법이 중요한데, 야간 기온이 영하로 내려갈 위험이 있을 때 비닐로 알타리무 재배지 전체를 덮어 주면 효과적이다. 양이 많은 경우 알타리무를 수확하여 간이 저장한 후 비닐로 덮어 주는 방법도 있지만 밭을 통째로 비닐로 덮는 방법보다 잎의 상태가 좋지 못하다. 비닐을 이용하여 피복할 경우 외부 기온이 -2~-3℃까지는 효과적이나 재배 면적이 많은 경우에는 사용이 어려우므로 대면적 재배 시에는 강추위가 오기 전에 수확을 끝내야 한다.

출하 시기가 겨울로 예상될 경우 처음부터 하우스에 파종하는 방법도 겨울 김장철에 우수한 알타리무를 공급할 수 있는 방법이다. 이 경우 일반 노지 재배보다 높은 값을 받을 수 있으며 추위가 오더라도 큰 문제없이 상품성 있는 알타리무를 생산할 수 있다.

04
소형무

소형무는 1980년대 후반에 육성된 내서성이 강하고 크기가 작은 무의 한 종류로 알타리무 계통과 일반무 계통 중 크기가 작은 계통을 양친으로 교배하여 개발되었다. 소형무는 모양은 작으나 외관적 요소와 풍미가 비교적 좋고 모양과 품질이 우수하다.

가. 경영상 특성

소형무는 초여름부터 가을까지 파종 및 수확이 가능한데 파종 후 40~45일이면 수확 가능하다. 여름 재배에 주로 이용되던 알타리무는 근피가 거칠어지고 매운 맛이 강하며 세균성 흑반병의 문제가 많이 발생하는 데 반해 소형무는 내서성이 강하여 이러한 문제들이 알타리무보다는 적게 일어난다. 최근에는 여름철 재배 품종이 소형무로 대체되고 있는 추세이다. 더위가 시작되는 때 평지에서 재배가 가능하여 선호되고 있으며, 약간 더 톡쏘는 맛이 강하다는 특징이 있다.

나. 재배 작형 및 재배 방법

겨울의 추위가 완전히 물러가지 않은 3~5월에 파종하는 작형의 경우 생육 기간 중 이상저온 및 터널 내의 고온 등에 의하여 불시에 꽃대가 올라오는(불시추대) 위험이 있다. 3월 파종의 경우는 터널 재배를 하여야 하며 생육 초기에는 터널 내의 환기를 잘 해주고 생육 후기에는 터널을 제거해 줘야 불시추대를 막을 수 있다. 4~5월 파종 시에도 이러한 문제점이 있으므로 가급적 수확 시기를 늦추지 않도록 해야 한다. 3월 파종 시에는 55일, 4월 파종 시에는 50일, 5월 파종 시에는 45~50일의 재배 기간이 필요하다.

6~8월에 파종하는 작형의 경우 고온과 장마로 인하여 재배하기가 곤란하지만, 근피가 매끈하고 내서성이므로 관리만 잘하면 양질의 무를 생산할 수 있고 이 시기는 무의 가격이 좋으므로 농가 경영에 도움이 될 것이다. 일반적인 재배 방법은 알타리무에 준하여 실시하면 된다. 몇 가지 요점사항을 소개하면 다음과 같다.

더운 시기이므로 토양의 선충, 달팽이 및 벼룩잎벌레 유충으로 인한 피해가 심하여 무의 상품성이 현저히 저하되므로 토양 살충제를 재배지에 미리 시용한 후 이랑을 만드는 것이 좋다. 이랑은 10~15cm로 가급적 높게 만들어 물 빠짐을 좋게 하며 이랑 폭은 120~150cm 내외로 하여 포기 사이를 20cm씩 4줄로 재배하는 것이 일반적이다. 이때 이랑의 방향은 물 빠짐이 좋은 방향으로 고려하는 것이 좋다. 파종은 한 구멍에 3~4립으로 하면 10a당 5dL가량이 소요된다. 소형무 재배 시 적당한 이랑 만드는 법과 파종 방법 및 솎음 방법은 (그림 13, 그림 14, 그림 15)와 같다.

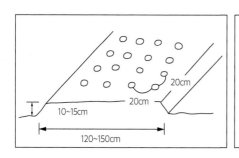

(그림 13) 이랑 만들기

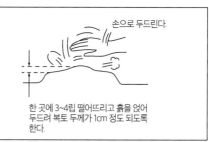

(그림 14) 파종 방법

(그림 15) 솎음질과 북돋우기

본엽이 4매가량 전개되었을 때 엽색과 엽형이 다른 개체를 우선 제거하는 방법으로 1회 솎음을 하며, 솎음 후 포기 사이에 흙을 모아 북돋워 주면 생육 기간에 흔들림이 없어 좋다.

8월 중순~9월 파종 작형의 경우 무 재배의 적기이므로 비교적 재배하기 쉬워 재배 면적이 넓고 소비량도 많다. 무의 가격을 좋게 받기 위해서는 품질, 외관, 풍미, 조직감 등이 뛰어난 품종을 선택하여야 한다. 기타 일반적인 재배 방법은 알타리무 재배에 준하여 실시하면 된다.

다. 일반 관리

소형무가 주로 재배되는 시기는 봄부터 여름이므로 잡초 및 병해충 방제에 주의를 기울여야 양질의 무를 생산할 수 있다.

(1) 제초제 사용
피, 바랭이, 강아지풀, 쇠비름, 독새풀, 망초 등 1년생 잡초의 발아 억제를 목적으로 다양한 제초제가 판매되고 있다. 농가 인력이 감소되는 추세이므로 앞으로 이러한 제초제의 사용이 증가할 것이다. 하지만 매년 제초제로 인한 피해가 많이 발생하므로 제초제의 사용 목적 및 적용 방법 등에 상당히 주의를 기울여야 한다. 우선 제초제의 포장재에 기재되어 있는 적용 대상 작물, 사용량, 사용 방법, 특징, 주의사항 등을 자세히 읽어본 후 사용해야 제초제에 의한 피해를 줄일 수 있다.

(2) 병해충 방제

소형무는 주로 여름에 재배하므로 벼룩잎벌레 유충에 의한 식해, 세균성 흑반병, 연부병 등이 많이 발생하는데 이들을 잘 방제해야 한다. 먼저 벼룩잎벌레 유충은 무 연작지에서 특히 많이 발생하여 무의 상품성을 떨어뜨린다. 방제 방법은 밭을 준비할 때 미리 토양 살충제를 골고루 살포하면 된다. 세균성 흑반병은 기온이 따뜻한 날이 지속되고 비가 많이 올 때 많이 발생하며 잎의 뒷면에 흑갈색의 병반이 생기기 시작하여 나중에 상품성을 현저히 떨어뜨리는 병이다. 비료분이 떨어져 작물이 쇠약해도 발병되므로 생육 중기 이후에 작물의 상태를 보아 웃거름 등의 방법으로 재배 관리를 잘 하는 것이 중요하다. 방제 약제로는 동수화제가 있으나 비배 관리를 잘 하는 것이 더 중요하다. 연부병은 여름철 재배 시 많이 발생되는 병으로, 재배 기간 중 비가 계속 오면 잎이 무성해지면서 병이 발생할 수 있으므로 배수에 유의해야 한다. 밭을 준비할 때 질소질 비료를 많이 사용하여 잎이 무성해지면 잘 발병하므로 질소질 비료의 과용을 피하고 본엽이 4~5매 전개되었을 때 적당한 간격으로 솎음을 하여 통풍을 좋게 해 주는 것이 좋다. 방제 약제로는 농용 마이신 계통이 있으나 일단 발병하여 퍼져나가면 큰 효과를 기대하기 어렵다.

05
열무

열무는 여름철에 콩밭이나 고추밭 등의 사이에 간작으로 재배하여 오다가 도시 인구의 팽창과 더불어 본격적으로 도시 근교에서 재배하고 있다. 과거에 비해 수요가 폭발적으로 증가하여 이제는 1년 내내 생산하고 있는 주요 무 품종 중 하나이다. 특히 무잎에는 비타민 A, 비타민 C, 필수 무기질이 알맞게 들어 있어 혈액 산성화를 방지하고 식욕을 증진시키며 포만감을 주는 채소로서 가치가 있다.

가. 경영상 특성

도시 근교를 중심으로 집약적으로 재배되고 있으며 재배 지역이 도시에서 멀리 떨어진 지역으로 확산되고 있다. 재배가 비교적 간단하고 자재, 노력 등은 많이 필요하지 않다. 재배 기간이 겨울에는 약 60일, 봄에는 약 40일, 여름에는 약 25일로, 이 기간이 지나면 수확이 가능하므로 연중 여러 번 재배가 가능하다.

나. 품종 선택

우리나라 열무의 기호도는 지역별로 차이가 있어서 강원도, 경상도, 전라도의 품종이 각각 다르다. 강원도 지방에서는 궁중 계통이 많이 재배되고, 경상도 지역은 잎이 결각이면서 다소 억센 것을 선호하며, 전라도에서는 잎이 판엽이며 부드러운 품종이 재배되고 있다. 그리고 대도시 근교는 어리고 부드러운 것을, 중소 도시 지역에서는 약간 억센 것을 선호하므로 재배하고자 하는 지역의 선호도를 고려하여 품종을 선택하여야 한다.

다. 재배 관리 및 기술

(1) 파종
흩어뿌림이나 줄뿌림 모두 효과적이며 너무 밀식하면 웃자라 상품성이 저하되므로 가능하면 솎음을 간단히 할 수 있도록 소량을 파종하는 것이 좋다.

(2) 시비
시설재배 열무의 표준 시비량은 다음과 같다.

(표 14) 시설재배 열무의 표준 시비량   (성분량, kg/10a)

수확 시기	밑거름	웃거름	계	시비방법
질소	2.6	4.9	7.5	○ 퇴구비, 석회는 실량
인산	3.0	0	3.0	
칼리	1.5	1.5	3.0	
퇴구비	1,500	0	1,500	
석회	200	0	200	

* 퇴구비 대신 가축분퇴비를 시용할 때 돈분톱밥퇴비는 330kg/10a, 계분톱밥퇴비는 250kg/10a 시용

밑거름과 웃거름 질소 분시 비율은 35:65이다. 관비시설을 이용하여 열무를 재배할 경우 생육단계 및 작기별 질소의 공급량은 (표 15)와 같다. 겨울작기는 11월초 파종하여 약 70일간 재배하고 여름작기는 6월 중순 파종하여 30일간 재배한다. 파종 후 2주 후부터 아래의 해당량을 관비를 통해 공급한다.

(표 15) 작기별 시설 열무 질소 웃거름 공급량 　　　　　　　　　　　　　　　　(성분량, kg/10a)

겨울작기(파종 후 70일)	여름작기(파종 후 30일)
7.1~11.2	2.7~4.5

(표 16) 생육단계별 시설 열무 질소 웃거름 공급량 　　　　　　　　　　　　　(성분량, kg/10a)

파종 후 주수	겨울작기	여름작기
1주	-	-
2주	0.7~1.2	0.9~1.3
3주	0.4~0.6	0.4~0.6
4주	1.2~1.5	0.7~1.3
5주	0.4~0.6	0.7~1.3
6주	1.0~2.0	-
7주	1.0~2.0	-
8주	0.8~1.1	-
9주	0.8~1.1	-
10주	0.8~1.1	-
총 공급량	7.1~11.2	2.7~4.5

(3) 비가림 재배

여름철에 열무를 재배할 때 고온과 장마로 인한 각종 생리 장애 및 병해충이 많이 발생되어 품질이 극히 저하되므로 가능하면 비가림 재배를 하는 것이 좋다. 열무를 비가림 재배하면 품질 향상 및 다수확이 가능하여 경제적으로 매우 유리하다.

(4) 물 관리

열무는 작기마다 재배기간이 다른데 봄작기는 파종 후 약 40일, 여름작기는 파종 후 약 25일, 겨울작기는 파종 후 약 70일을 재배한다. 파종 시 고랑이 젖을 정도로 충분히 물을 준 경우, 1~2주간은 추가 관수를 하지 않아도 토양수분으로 작물 생육이 가능하다. 파종 후 1~2주부터 아래 (표 17)의 해당량을 공급한다. 다만 수분보유력이 큰 토양은 1회 공급량 및 관수 주기를 늘리고, 작은 토양은 1회 공급량을 줄여 자주 준다. 제시된 관수량은 점적관수시설이 설치된 경우에 한하며, 그 외의 경우 관개효율을 감안하여 물을 공급한다. 한편 열무는 30~50kPa을 관수개시점으로 한다. 하우스가 평탄지에 위치하여 지하수 또는 담수된 주위 논에서 물이 유입되어 작물에 이용될 경우 이를 고려하여 제시된 관수량의 2/3 정도 주고 부족할 경우 나머지를 준다.

(표 17) 시설 열무 생육단계별 관수량 (t/10a)

파종 후 주수	겨울작기	봄작기	여름작기
1	-	-	-
2	-	6 - 7	11 - 12
3	3 - 4	6 - 7	23 - 24
4	3 - 4	23 - 24	23 - 24
5	3 - 4	23 - 24	23 - 24
6	11 - 12	23 - 24	-
7	11 - 12	23 - 24	-
8	11 - 12	23 - 24	-
9	12 - 13	-	-
10	12 - 13	-	-
11	14 - 15	-	-
12	14 - 15	-	-
총 공급량	94 - 104	127 - 134	80 - 84

* 25,000주/10a 기준

(표 18) 관수방법에 따른 관수효율

관수방법	점적관수	살수관수	고랑관수
관수효율	90%	70%	60%

예) 고랑관수일 때, 관수량 = 제시된 관수량 / 관수효율 0.6

(5) 수확 및 출하

수확기를 넘기면 겨울철 하우스 및 춘파 재배 시에 추대가 문제되고 여름철에는 연부병 등 각종 병해가 문제가 되므로 적기에 수확해야 한다. 수확한 열무는 단을 묶거나 무게별로 상자에 담아 출하할 수 있다.

(6) 유의사항

열무는 재배 기간이 짧고 지역적인 기호도가 많이 다르므로 지역적인 특성과 품종 고유의 특성을 잘 고려하여 품종 선택을 해야 한다. 춘파 재배 시 추대가 문제가 되므로 만추대성 품종을 재배하며 수확을 너무 늦추지 않아야 한다. 여름 재배 시에는 장마기와 겹치는 경우가 많고 고온 다습한 조건 때문에 연부병 등의 병해가 많이 발생하여 수량이 감소될 수 있으므로 가급적 비가림 재배를 하고 재배지가 침수되지 않도록 배수에 유의해야 한다.

06

단무지무

단무지무는 무의 분류상 남지계 무로 분류할 수 있는데 현재 단무지 가공에 이용되는 장형의 백색무를 일컫는다. 우리나라에서 언제부터 재배되었는지는 알 수 없으나 상당히 오래 전에 일본으로부터 도입된 것으로 생각된다. 일제강점기를 거치면서 단무지무가 대중화되었으며, 분식류 등을 파는 한·중식당에서 흔히 단무지무 가공품을 접하고 소비자들은 대부분 김밥용 재료로 소비하고 있다. 단무지무는 주로 금강, 한강, 낙동강, 영산강변이나 이들 하천의 지류에서 재배되고 있다. 이는 무의 길이가 길어 토심이 깊은 사질토에서 뿌리가 잘 뻗기 때문이다

가. 재배 현황

단무지무가 전국적으로 얼마나 재배되고 있는지는 정확한 통계가 없으나 종자 소비량으로 추정해 볼 때 60,000L 정도가 소요되므로 대략 10,000ha(3천 평) 정도가 우리나라에서 재배되고 있다고 생각된다. 단무지무를 소금 절임하여 식품회사로 납품하는 1차 가공업자들은 생산자들과 계약 재배로 단무지무를 공급 받는다. 충남 부여와 조치원에 전국에서 가장 많은 1차 가공업자들이 모여 있으며 이들은 멀리 강원도, 경기 북부, 경북 등지의 단무지무도 수집하여 가공한다.

나. 경영상 특성

단무지무는 대부분 하천변 둔치 등에서 많이 재배되는데 이들 토양은 모래땅이지만 하천의 범람 등으로 인하여 상당히 비옥한 편이다. 단무지무는 보통 8월 중하순경에 파종하여 서리가 오기 전에 수확하는 형태로 재배되며 시설, 자본, 노력 등이 다른 작물보다 적게 든다. 그리고 최근엔 파종 및 수확에 이용 가능한 기계들이 개발되어 노동력을 줄일 수 있게 되었다.

다. 품종 선택

단무지무의 재배단지는 수년간 연작된 토양이 대부분이므로 내병성인 품종이 좋다. 특히 단무지무에 발생하는 시들음병은 토양전염성이므로 방제가 어려우며 그 피해가 심각하여 내병성 품종을 이용하는 것이 필요하다. 균열, 갈변, 바람들이, 공동 등은 단무지 품질에 결정적으로 나쁜 영향을 미치므로 이런 증상이 적게 나타나는 품종이 좋다.

단무지무는 거의 대부분 가공용으로 소비가 되므로 무 균일도가 높은 것이 상품으로 좋은 가격을 받을 수 있어 균일도가 높은 잡종 종자를 구입하여 사용하여야 한다. 재배하고자 하는 지역에 적당한 품종을 선택하여 파종기, 재식거리 등을 지켜서 재배하는 것이 좋다. 단무지무의 크기와 무게별 등급은 업체에 따라 약간 차이가 있을 수 있으나 대략 다음과 같다.

(표 19) 단무지무의 크기와 무게별 등급

등급	길이	무게	비고
1등품	40~45cm	700~1,100g	바람들이, 공동, 균열 갈변, 병해충 발생 등이 없을 것
2등품	45cm 이상	1,100g 이상	
3등품	30~40cm	500~699g	
등외품	30cm 이하	500g 이하	

라. 재배 방법

(1) 파종
비료와 농약을 넣은 밭을 경운기나 트랙터 등으로 잘 간 후 직파한다. 파종 방법은 인력으로 하거나 파종 기계를 이용하는데 시간당 파종 면적, 파종 밀도, 작업 능률 등을 고려할 때 파종기를 이용하는 방법이 좋다. 심는 구멍 1개당 종자 3~4립씩 파종하고 흙을 덮는다. 재식거리는 21~24cm가 알맞으며 100a당 종자 소요량은 600~800mL이다.

(2) 시비
밑거름은 10a당 질소 16kg, 인산 12kg, 칼리 16kg으로 하고 소석회 80~100kg에 붕사 2kg 내외를 시용한다. 웃거름은 작물의 생육 상태를 보아 질소와 칼리를 2~3회 줄 수 있다. 너무 많은 양을 사용할 경우 잎만 무성하고 뿌리가 잘 자라지 않게 되므로 유의해야 한다.

(3) 일반 관리
전반적인 관리는 무에 준하여 관리하면 되지만 재배지 토양이 대부분 모래땅이 많으므로 가뭄이 계속될 때 분수 호스, 스프링클러 등을 이용하여 인공 관수를 하는 것이 중요하다. 특히 생육 중기 이후의 가뭄은 수량과 품질 저하에 큰 영향을 미치므로 관수에 주의를 기울여야 한다.

마. 생리 장애 및 병해충

(1) 생리 장애
단무지무에서 많이 발생하는 생리 장애에는 바람들이, 공동, 균열 갈변, 가랑이무(기근), 곡근 등이 있다. 자세한 내용은 무의 생리 장애 편에 기술되어 있다.

(2) 병해충

단무지무는 대부분 연작을 하므로 토양 전염성 병인 위황병이 문제가 되고 있다. 아직까지는 별다른 방제 방법이 없어서 내병성 품종을 이용해야 한다.

(3) 잡초 방제

단무지무는 일반 가정용으로 재배되지 않고 공장 가공을 목적으로 소비되므로 대면적에 조방적 재배(자본과 노동력을 적게 들이고 주로 자연환경 그대로 짓는 재배 방법)가 많이 이루어지고 있다. 그러다 보니 파종 후 잡초 방제가 문제가 되고 있는데 무에 사용 가능한 제초제를 이용하면 효과적인 방제가 가능하다. 무밭의 일년생 잡초 발아 억제를 위한 제초제로 등록된 제품은 재배 기술 편에서 언급한 대로 에스-메톨라클로르티오벤카브 입제/유제, 플루아지포프-피-뷰틸 유제, 클로토딤 유제, 알라클로르 유제 등이 있다. 배추에 적용되는 약제를 무에 살포하는 경우도 종종 있는데 반드시 무 적용 가능 약제를 살포하여야만 약해 피해를 방지할 수 있다. 무 적용 제초제 및 농약 등에 관해서는 한국작물보호협회 홈페이지(www. koreacpa.org)를 방문하여 무와 관련된 농약을 선택해 정보를 취득하는 것이 좋다. 예를 들면 에스-메톨라클로르 .티오벤카브 유제는 파종 복토 후 3일 이내에 10a당 물 20L에 제초제 100mL를 넣어 잘 섞은 후 토양 처리해 주어야 하며, 입제는 10a당 3kg을 파종복토 후 3일 이내 토양처리로 골고루 뿌려주어야 한다. 피, 바랭이, 강아지풀, 독새풀, 쇠비름, 개비름, 중대가리풀, 망초, 논뚝외풀 등의 제초에 효과가 있으며 입제의 경우 약효가 40~50일간 지속된다. 유의사항은 비닐하우스나 멀칭 재배 시 또는 척박한 토양에는 약해의 우려가 있으며 토양이 과습한 상태나 작물이 싹트는 시기에서는 사용하지 않는 것이 좋다. 가뭄으로 인하여 토양이 몹시 건조할 때는 입제의 약효가 떨어지므로 사용하지 않는다.

chapter 4
수확 및 저장

01

수확

무의 수확 시기는 재배지 및 생육 환경에 따라 차이가 있으므로 무의 생육 상태 및 뿌리의 발달 정도를 반드시 확인한 후 수확하여야 한다. 대체로 20일무는 파종 후 3~4주, 알타리무는 5~6주, 일반무는 8~14주 후에 수확하는 것이 좋다. 봄무는 적기에 수확하여야 하며 수확기를 놓치면 추대, 열근 및 바람들이 등의 문제가 생긴다. 여름무도 비대가 특히 빠르므로 수확이 늦어지면 추대, 바람들이 및 조직이 경화되고 섬유질이 발달하므로 적기에 수확해야 하며 특히 아침에 일찍 수확하는 것이 좋다. 가을무는 수확기 폭이 넓으므로 시장 시세에 따라 수확한다.

수확에 적절한 무 뿌리의 무게는 대형 봄무 작은 계통이 1,200~1,300g, 큰 계통이 1,500~1,600g이고 여름무는 대체로 1,000~1,100g, 가을무는 1,300~1,400g이다. 소형무는 200g 내외, 알타리무는 80~110g 그리고 20일무는 50~70g이다. 수확 방법은 무를 뽑아서 3~5개씩 묶거나 잎을 제거하고 크기별로 분류하는 것이다. 기근이나 열근 또는 병해충을 입은 무는 따로 분류하여 무말랭이로 이용한다.

02

조제 및 포장

20일무는 잎을 제거한 후 플라스틱 상자에 넣어서 출하하거나 10개씩 묶어서 출하한다. 열무는 일정한 크기로 분류하여 묶어서, 알타리무는 10개씩 묶어서 출하하는데 일반적으로 특·상·보통의 3등급으로 분류하여 출하한다. 특과 상품은 품종고유의 모양을 보여야 하고 잎과 줄기가 연하고 무에 잔뿌리가 없으며 표면이 매끄럽고 육질이 부드러워야 한다.

일반무는 보통 낱개 또는 3~5개 단위로 묶어서 출하하지만 규격 상품은 무를 깨끗하게 씻고 10kg 단위로 골판지 상자에 담아서 출하하거나 합성 수지 포대에 20kg 또는 40kg 단위로 넣어서 출하하기도 한다. 이때 줄기는 1.5cm만 남기고 잘라내며 깨끗이 씻어야 한다. 무는 특상(1.5kg 이상), 상(1.2~1.5kg), 중(0.8~1.2kg), 하(0.8kg 이하)의 4등급으로 분류되고 상자 또는 포대에 담아 출하한다.

03
저장

저장 기간은 주로 호흡작용, 수분 손실에 대한 민감도 및 부패 미생물에 대한 반응에 따라 달라진다. 가급적 온도, 공기 순환, 상대습도 및 공기 조성의 조절이 가능한 시설에서 무를 저장하는 것이 좋다. 요즘은 저온 저장고가 많이 설치되어 있으므로 일부는 저온 저장고를 이용하기도 한다. 시설의 이용이 여의치 않을 경우 온도와 습도를 자연 상태로 하고 비와 이슬을 막을 수 있도록 지붕만 간단하게 설치한 상온 저장, 도랑 저장과 같은 보온 저장 및 움 저장 등이 많이 쓰인다.

무의 저장 적온은 0℃, 습도는 95%이다. 무는 저장이 비교적 쉬우나 품종 간에 바람들이 차이가 많으므로 육질이 단단하고 바람들이가 적고 저장이 잘 되는 품종을 이용하며, 근피가 깨끗하고 너무 크지 않은 것을 골라서 저장한다. 무의 동결 온도인 -1.5℃ 이상의 얼지 않는 범위의 저온으로 유지하면서 적절한 습도를 유지하면 장기간 저장할 수 있다. 그러나 수확 즉시 저장을 하면 무의 내부 온도가 높아서 부패하거나 새순이 돋아나므로 지상에 우선 임시 저장을 하였다가 지표면이 얼기 시작할 때 움을 파고 묻거나 저장고에 넣는다. 농가에서는 땅속 깊이 묻거나 움을 만들어 저장하면 다음해 2~3월까지 얼지 않고 안전하게 간이 저장할 수 있다.

가. 노지 이랑식 저장법

무를 뽑지 않고 이랑 밑에서부터 흙을 그대로 덮고 이것이 얼면 또 덮고 해서 2~3회에 걸쳐 40~60cm 두께로 흙을 덮어 저장한다. 겨울철 기온이 낮지 않은 남부 지방에서 많이 이용하는 방식이다.

나. 지하 환기식 저장법

폭 1~2m, 깊이 0.6~1m로 저장량에 따라 적당한 길이의 구덩이를 판다. 그리고 부패나 상처 난 무를 선별하여 없애고, 잎을 완전히 잘라낸 무를 넣어 공기구멍을 낸후 짚이나 거적으로 덮고 그 위에 흙을 완전히 덮는다. 평균 최저 온도가 -10℃ 내외의 지방에서는 30cm 정도, -20℃ 내외의 지방에서는 40~60cm 높이로 흙을 덮는다. 이때 구덩이 양옆에 배수로를 만든다.

다. 지하 밀폐식 저장법

방법은 지하 환기식 저장법과 같으나 공기구멍을 내지 않고 완전히 밀폐한다.

chapter 5

생리 장애 원인과
방제 대책

01
영양 장애

가. 질소의 결핍증과 과잉증

(1) 결핍증 원인과 증상 및 대책

질소는 모든 세포 원형질의 주 구성 성분이다. 식물은 건조시킨 무게 중 2~4%가 질소이고 40% 정도가 탄소 성분인데 이 중 질소는 아미노산, 단백질, 핵산 등 중요한 유기화합물의 구성 필수원소로서 무기태에서 유기태로 전환된다. 질소가 부족하면 생육이 매우 불량하여 식물체가 빈약하고 잎의 크기가 작고 엽수는 적으며 늙은 잎이 빨리 떨어진다. 질소는 식물체 내에서 이동성이 좋기 때문에 뿌리로부터 질소 공급이 부족하면 늙은 잎에 있는 질소가 어린 식물 기관으로 이동한다. 질소의 결핍 증상은 늙은 잎에서 나오는 반면, 철(Fe)·황(S)·칼슘(Ca) 등은 이동성이 좋지 않아 결핍 증상이 늙은 잎보다는 생장점인 새잎에서 먼저 나온다.

· **결핍 시 대책** : 요소 0.4~0.5%액을 4~5일 간격으로 엽면 살포해 주거나 질산칼륨(KNO_3) 0.02%액이나 요소 물 비료를 만들어 관주해 주면 좋다. 요소를 엽면 살포해주면 24시간 이내에 흡수·동화된다.

(2) 과잉증 원인과 증상 및 대책

엽색이 짙은 녹색으로 변하며 줄기와 잎이 무성해지고 연약해진다.

· **과잉 시 대책** : 하우스 재배에서는 물을 많이 주고 질소질 비료성분이 물과 함께 유실되도록 한다. 이때 지나치게 물을 많이 주면 뿌리가 쉽게 썩을 염려가 있으므로 주의한다.

나. 인산의 결핍증과 과잉증

(1) 결핍증 원인과 증상 및 대책

인산이 부족하면 핵산 중 RNA 합성감소로 단백질 합성이 되지 않아 식물의 영양생장이 감소하는데, 특히 지상부 잎과 줄기 그리고 지하부 뿌리가 짧아지며 줄기나 잎자루가 자색으로 변색된다. 우리나라 밭토양에서는 개간지를 빼놓고 인산의 결핍 증상을 찾기가 힘들 정도로 밭토양의 인산 함량은 많은 편이다.

· **결핍 시 대책** : 산성토양에서는 인산이 사용할 수 없는 상태(불용성)로 변하여 인산이 토양 중에 있어도 흡수되지 않는다. 따라서 인산이 적절히 토양에 녹아들도록 하여 인산의 시비 효과를 높여주어야 한다. 구체적인 방법으로 퇴구비를 사용하는 것이 좋다. 퇴구비는 인산이 토양과 직접 접촉하지 않게 해서 토양에 의한 인산고정을 적게 하고, 뿌리를 건전하게 해서 인산의 흡수가 잘되게 한다.

(2) 과잉증 원인과 증상 및 대책

토양 중에 인산이 많아 식물체가 과다하게 흡수하면 초장은 짧아지고 잎은 두꺼워지며 생육이 불량해지는데 전체적으로 성숙은 빠르나 수량이 떨어진다.

· **과잉 시 대책** : 근본적으로 인산질 비료의 사용을 억제해야 하며 응급 대책으로 칼리질 비료 사용을 늘리면 인산의 흡수를 억제할 수 있다.

다. 칼륨의 결핍증과 과잉증

(1) 결핍증 원인과 증상 및 대책

식물체 내에서 칼륨의 중요 기능은 분열조직의 생장이다. 칼륨과 인돌아세트산, 시토키닌, 지베렐린 등이 상호작용에 따라 효과가 나타난다. 또 칼륨은 식물체 내의 수분을 조절하는 데 도움을 주므로 결과적으로 생장률과 세포의 크기 및 조직의 수분함량을 조절하여 세포 팽압에 필수적인 작용을 한다. 즉 잎의 기공이 열려 있는 상태에서 공변세포 내에서는 칼륨 함량이 높고 닫혀 있는 상태에서는 칼륨 함량이 낮다. 빛이 쪼일 때의 공변세포는 광합성 작용에 의해 ATP를 생성하고 그 에너지로 칼륨을 흡수하게 된다. 또 광합성 산물의 전류를 촉진시키며 저장 물질의 이동에도 유효하게 작용한다. 칼륨이 부족하면 본엽이 7매 이상 전개되었을 때, 식물체 아래쪽 늙은 잎이 흰색 또는 노랗게 변색되고(그림 16) 결국 갈색으로 변하여 떨어진다. 뿌리 신장과 비대가 극히 불량해지고 쉽게 병에 걸리며 맛과 외관 등의 품질이 매우 나빠진다.

(그림 16) 무잎의 칼륨 결핍 증상

· **결핍 시 대책** : 응급대책으로 제1인산칼리(KH_2PO_4) 0.3% 용액을 엽면 살포할 수 있으나, 근본적인 대책으로 토양에 웃거름을 시용하여 결핍증을 해소해야 한다. 근본적으로 토양을 비옥하게 관리하기 위해서 잘 부숙된 퇴비를 많이 시용하고 석회가 과용되지 않도록 석회 시비량을 엄수한다. 또한 칼륨은 비교적 많이 흡수·이용되는 비료이므

로 밑거름과 웃거름 비율을 1:1가량으로 조절하고 웃거름은 여러 차례 나누어 시비하는 것이 좋다.

(2) 과잉증 원인과 증상 및 대책

여간해서 과잉증은 나타나지 않으나 과잉 시 칼슘 흡수 저해를 조장하여 칼슘 결핍증을 유발한다. 또 마그네슘과 붕소 흡수를 저해하여 이들 성분의 결핍증을 초래할 수 있다.

· <u>과잉 시 대책</u> : 웃거름으로 주는 칼리비료 시용을 중단한다.

라. 칼슘의 결핍증과 과잉증

(1) 결핍증 원인과 증상 및 대책

작물에서 칼슘 결핍의 특징은 분열이 왕성한 생장점과 어린잎에서 나타난다. 식물체 맨 윗부분 분열조직의 생장이 감소하고 노란색으로 변하는 증상이 나타나며 심해지면 잎 주변이 하얗게 변하여 죽는다. 결핍이 심한 조직은 세포벽이 용해되어 연해지고, 세포의 공간과 유관조직에는 갈색 물질이 발생·축적되어 식물 전류물질의 수송에 영향을 끼치기도 한다. 토양 중 칼슘(Ca)의 함량이 부족하여 나타나는 결핍증은 드물며 이것은 필요한 조직에 공급이 적기 때문이다. 또 뿌리 끝에서 흡수해 이동하므로 뿌리생장의 저해 요인이다. 통기 불량, 저온 등도 칼슘의 흡수를 저해하여 공급 결핍을 유발시키기도 한다. 칼슘 결핍의 생리 장애 주원인은 다음과 같다.

① 토양 중 칼슘(Ca) 원소 함유량이 적어서 생기는 경우(주원인).
② 토양 중 칼슘 부족으로 인한 토양의 pH 저하가 원인이 되어 산성 장애나 망간(Mn) 과잉에 의한 2차 장애(토양 pH 저하).
③ 토양 중에 칼슘이 충분히 있으나 다른 이온과의 길항작용으로 식물체 특히 결핍 증상 발생 부위에 칼슘의 공급이 적어서 나타나는 증상.

예를 들면 토양에 질소, 인산, 마그네슘 등이 많이 있으면 뿌리 표면에서 이들과 길 항작용에 의해서 칼슘 결핍이 유발된다. 따라서 칼슘의 적정 시비, 토양 중 pH의 조절, 양분의 균형시비 등의 대책이 중요하다.

· **결핍 시 대책** : 토양 중에 칼슘의 적정 시비와 유기물을 많이 시용하고 토양 이 쉽게 건조하지 않도록 토양수분을 적당히 유지한다. 또한 질 산칼슘($Ca(NO_3)_2.4H_2O$)이나 염화칼슘($CaCl_2$) 0.05% 용액을 엽면 살포한다.

(2) 과잉증 원인과 증상 및 대책

우리나라 토양에서 칼슘 과잉 증상은 흔치 않다. 칼슘의 과잉 증상은 쉽게 눈에 띄지 않는 대신 망간이나 철, 붕소, 아연 등의 결핍 증상을 초래하기 때문에 이들 성분의 결핍 증상 발생 시 칼슘의 과잉도 고려해야 한다.

· **과잉 시 대책** : 토양 중의 칼슘 함량이 과다하면 석회 사용을 2~3년간 하지 않는다.

마. 마그네슘의 결핍증과 과잉증

(1) 결핍증 원인과 증상 및 대책

마그네슘은 식물 엽록소 형성의 필수 구성 원소이며 광합성에 관여하여 효소의 활력을 높인다. 식물체 내에서 이동성이 매우 좋으므로 생장점보다는 늙은 잎에서 결핍 증상이 빨리 나타나며 점차적으로 확대되어 어린잎까지 증상이 발생한다. 특히 엽맥과 엽맥 사이가 황백색으로 변하며 심해지면 결국 괴사한다.

· **결핍 시 대책** : 마그네슘이 함유되어 있는 고토석회 등을 10a당 100kg 내외 시용 한다. 황산마그네슘 1~2%액을 만들어 2~3일 간격으로 3회 엽면 살포한다.

(2) 과잉증 원인과 증상 및 대책

마그네슘이 과다하면 칼슘과 칼륨 흡수가 억제되나 마그네슘 자체의 과잉증은 여간해서 나타나지 않는다.

바. 철의 결핍증과 과잉증

(1) 결핍증 원인과 증상 및 대책

철은 광합성에 중요한 생리적 역할을 하는 원소이며 엽록소 형성에 필수원소이기도 하다. 또한 아질산염의 환원과 질소동화작용 등의 산화 환원 작용 등에 크게 관여한다. 따라서 식물체 내에 철이 부족하면 엽록소가 형성되지 않으므로 엽맥 사이가 희거나 노랗게 변하고 어린 식물의 경우에는 식물체가 희게 변한다(백화현상). 철 결핍의 원인은 토양이 알카리화되어 가용성 철 함량의 저하가 발생하며, 중금속이 과다하여 중금속의 길항작용으로 발생하기도 한다.

· **결핍 시 대책** : 킬레이트철(EDTA-Fe) 0.01~0.02%(물 1t에 10~20g을 녹임)를 1~2회 엽면 살포한다.

(2) 과잉증 원인과 증상 및 대책

철 과잉증은 수경 재배 시 킬레이트철(EDTA-Fe)을 오용하여 발생할 수 있으나 일반 토양에서는 거의 발생하지 않는다. 철이 지나치게 많으면 망간과 인산의 결핍증을 초래할 수 있다.

사. 붕소의 결핍증과 과잉증

(1) 결핍증 원인과 증상 및 대책

뿌리 비대가 시작될 때 생장점 부위의 새잎이 안쪽으로 말려 기형화되고 잎자루와 무뿌리 표면에 부스럼딱지가 발생한다. 생육 후반에 결핍증이 발생하면 뿌리 속이 흑갈색으로 변하며 심하면 속이 비게 된다. 이러한 붕소 결핍 증상은 토양에 붕소가 부족하거나, 토양이 산성화되어 붕소가 용탈되었을 때 발생하며 석회를 과다하게 시용했을 때에도 발생한다.

이러한 붕소 결핍은 후사리움(Fusaruim)에 의한 위황병, 라이족토니아(Rhizoctonia) 균에 의한 표피 균열 갈변증의 합병증을 유발할 수 있다.

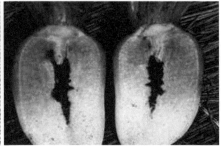

(그림 17) 붕소 결핍으로 나타난 표피의 부스럼(좌), 뿌리 속 흑변 현상(우)

· **결핍 시 대책** : 붕소 결핍증이 잘 발생되는 밭에는 퇴비를 많이 시용하고 관수 시설을 설치하여 토양이 건조하지 않게 토양 수분관리를 한다. 또 과다한 석회비료 시용을 억제하며 무 파종 전에 붕사비료를 1~2kg/10a 시용하거나 물 1t에 붕산 2~3g을 녹여 엽면 살포하면 효과가 빠르다. 결핍이 일어나기 쉬운 지대에서는 퇴비를 충분히 시용한다.

(2) 과잉증 원인과 증상 및 대책

붕소가 과잉되면 아래쪽 늙은 잎 가장자리가 노란색 또는 흰색으로 변하거나 갈색으로 변하고 엽맥 사이에 희거나 노란점이 생긴다. 석회 시용량을 늘려서 토양을 알카리화하여 붕소의 흡수를 막는다.

· **과잉 시 대책** : 관수량을 늘려서 붕소를 용탈시키고 토양의 pH를 상승시켜 붕소의 흡수를 억제한다.

02
생리 장애

가. 장다리(추대)

(1) 증상 및 원인

무가 발아하여 자라는 시기에 저온이나 장일 등 불량한 환경조건이 되면 꽃눈이 생겨 꽃이 피게 되는데 이러한 현상을 장다리 또는 추대라고 한다. 추대된 무는 상품성이 없어지게 되므로 주의해야 한다. 무는 생육 단계에 관계없이 12~13℃ 이하의 저온에서 꽃눈이 생긴다. 가장 민감한 온도는 3~5℃이고, 자엽이 전개된 시기가 저온에 가장 민감하다. 진주대평무 등의 품종은 저온 처리를 받지 않더라도 16~20시간 이상의 장일이나 강한 햇빛 아래에서는 추대하는 것으로 밝혀졌다. 무는 저온과 장일 중 어느 한 조건만 충족되어도 추대가 가능하고, 두 요인이 동시에 작용하면 그 효과가 매우 빠르게 나타난다. 저온에 의해 꽃눈이 생긴 후에는 높은 온도와 긴 낮의 길이에 의하여 추대가 빠르게 촉진된다. 최근 시설하우스 내 봄무 재배가 늘고 있는데, 조기 수확을 목적으로 파종을 지나치게 빠르게 하면 장다리가 발생할 수 있다. 또한 봄 재배용이 아닌 품종을 재배하면 생장점 줄기가 신장되어 꽃대가 빨리 올라온다.

(그림 18) 장다리가 발생한 모습

(2) 대책

하우스, 터널 및 봄 노지 재배에서 추대가 될 가능성이 있으므로 추대에 둔감한 품종을 선택하여 적기에 재배해야 한다. 봄무 전용 품종을 선택하여 심으며, 종자회사에서 제공된 파종시기를 맞춘다. 또한 '농업기술길잡이' 및 종자회사 제공 재배관리법에 충실히 따른다. 재배 중 온도가 13℃ 이하로 떨어지지 않게 관리하고 수확 적기를 넘기게 되면 추대 위험성이 크므로 적기에 수확해야 한다. 여름 고랭지 재배 지역인 해발 700~800m에서는 6월 상순까지도 저온에 의한 추대가 가능하다. 또한 긴 낮과 강한 햇빛에 의해서 추대하는 경우가 많으므로 추대에 둔감한 품종을 선택하여 재배해야 한다.

나. 뿌리터짐(열근)

(1) 증상 및 원인

무뿌리의 어깨, 몸통 및 꼬리 부분이 가로 또는 세로로 갈라지거나 십자로 갈라지는 것을 뿌리터짐 혹은 열근이라고 한다. 뿌리터짐은 뿌리 내부 조직이 외부 조직보다 더 빨리 자라기 때문에 발생한다. 일반적으로 토양 내의 건조와 다습이 반복될 때 많이 발생하고 생육 후기에 뿌리터짐이 심하다. 다량의 질소 비료를 사용하고 재식거리를 넓게 하여 재배할 경우, 토양이 건조하다가 갑자기 다습한 조건으로 변할 때 주로 발생한다. 하우스 재배에서는 생육 후반기에 질소 과다, 환기 불량으로 인한 고온에 의해 영향을 받으며 수확기가 늦어지면 점차 증가한다.

(그림 19) 뿌리터짐(열근) 현상이 발생된 무

(2) 대책

각 생육 단계에 알맞은 관리를 하여야 한다. 초기에는 순조롭게 생육을 시키고 후기에는 급격한 비대를 막아야 한다. 질소질 비료를 과용하지 않도록 주의한다. 하우스 재배에서는 생육 중기 이전에 웃거름하고 환기를 철저히 하여 고온이 되지 않도록 하고, 관수는 지온이 낮은 아침이나 저녁에 한다. 퇴비의 사용은 열근을 억제하는 데 효과가 있으므로 밑거름을 깊이갈이 하여 사용한다. 또한 인산, 칼리, 붕소는 열근을 줄일 수 있으므로 균형된 시비를 하여야 한다.

다. 가랑이무(기근)

(1) 증상 및 원인

가랑이무는 발생 원인에 따라 3종류로 구분된다. 먼저 원뿌리의 생장점이 장애를 받아서 2~3개의 측근이 비대하여 가랑이가 진 것, 원뿌리의 생장점은 있으나 신장이나 비대가 억제되어 여러 개의 측근이 조금씩 비대하여 가랑이가 진 것, 구부러진 무에서 굽은 방향의 측근이 비대하여 된 것으로 구분된다. 발생 원인은 미숙퇴비 또는 고농도의 비료를 뿌리 가까이 주어 원뿌리의 생장점이 장해를 받았거나 선충 또는 풍뎅이 유충 등 토양 해충이 뿌리 생장점에 가해한 경우에 주로 발생한다. 토양의 상태도 영향을 미치는데 경토가 낮은 경우와 지하수위가 높아서 토양의 통기가 불량한 경우에 원뿌리의 생장이 불량하여 생길 수 있다. 또한 활력이 떨어진 종자가 발아하면 원뿌리가 될 어린뿌리의 발육이 좋지 않아 가랑이가 생기기도 한다.

(그림 20) 가랑이무(기근)

(2) 대책

이식 재배를 하고자 할 때는 길이가 15cm 이상 되는 포트를 사용하고 육묘기간도 15~20일을 넘기지 않아야 한다. 밭에 직접 종자를 뿌려서 키우는 경우에는 밭에 들어가는 퇴비는 완전히 썩은 품질인증 받은 퇴비를 사용하고 화학비료는 본밭에 심기 2주 전에 시용한다. 이때 토양살충제도 함께 사용하여 토양 해충을 구제한다.

라. 바람들이

(1) 발생 원인과 증상

바람들이는 동화 능력 이상으로 뿌리 유조직 세포들이 급격히 분열되고 비대가 왕성해지면서 뿌리 세포들의 내용물이 충실해지지 못할 때 또는 통도조직으로부터 양분 공급이 부족하여 유조직의 영양상태가 좋지 않을 때 생기는 노화현상으로 무의 속이 군데군데 비어 품질이 떨어지는 것을 말한다. 뿌리 비대에 비하여 동화 양분의 축적이 충분하지 못할 때, 밤에 고온이 지속되고 뿌리의 발달이 불량하여 생육이 정지되고 동화 양분의 소모가 과다할 경우에도 발생한다. 사질토양에서는 뿌리의 발달이 점질토보다 빠르므로 바람들이가 점질토보다 심하다. 또한 생육 중기부터 일조가 나쁘면 뿌리의 발육이 불량해지므로 바람들이가 촉진된다. 이 밖에 조기 파종하여 생육이 빨랐지만 수확을 늦추었을 때, 적기에 수확을 하지 못하고 늦게 수확하였을 때, 재배 기간 내 기온이 높아 적산온도가 높았을 때, 장다리가 올라왔을 때 발생한다.

(2) 대책

밑거름으로 유기질을 충분히 시비하고 재배 도중에도 웃거름을 하여 영양을 좋게한다. 생육 중에는 순조롭게 자라도록 물 관리 등 재배 관리를 철저히 하며 수확은 적기에 하도록 한다. 조기 파종을 했을 때는 수확기를 당겨서 조기 수확하고 수확기는 너무 늦추지 않도록 주의한다.

(그림 21) 무의 바람들이 증상

마. 요철 증상

(1) 증상 및 원인
생육이 전반적으로 나빠지고 뿌리의 비대가 불량하게 되면서 무의 표면이 매끄럽지 못하고 울퉁불퉁하게 되는 현상이다. 주로 원인은 순무모자이크바이러스(Turnip Mosaic Virus, TuMV)의 단독감염 또는 순무모자이크바이러스와 오이모자이크바이러스(CMV)의 중복감염에 의하여 생긴다. 잎의 모자이크 증상이 심할수록 뿌리의 요철 증상이 심해지고 모양도 뒤틀리게 된다. 또한 배추과에 감염할 수 있는 다른 바이러스들에 의해서도 요철 증상이 발생할 수 있다. 자갈이 많은 밭에서 생기기 쉽고 토양수분이 부족하거나 질소질 부족 등으로 뿌리 비대가 불량한 경우에 많이 생긴다.

(2) 대책
생육 초기부터 진딧물 방제를 철저히 하여 바이러스병에 걸리지 않도록 한다. 바이러스병은 즙액으로도 전염이 되므로, 농작업할 때 무에 상처가 나지 않도록 주의하며 주변에 잡초를 제거하여 전염원 차단을 하는 것이 좋다. 또한 적당한 웃거름을 하며 토양이 건조하지 않도록 관수를 잘하여 양호한 생육이 되도록 한다.

바. 혹 증상

(1) 증상 및 원인
뿌리가 부분적으로 크게 팽창하여 혹 같은 것이 생기는 증상이다. 스트렙토마이세스(Streptomyces Scabies)라고 하는 세균에 감염되었을 때 나타난다. 고온 건조한 토양이나 알칼리성 토양에서 많이 발생한다.

(2) 대책
농약으로 방제하기 어렵기 때문에 병원균이 발생되지 않게 적기에 파종하고 토양은 적절히 관수하여 건조하지 않도록 하되 과습하지 않도록 주의한다.

사. 균열 갈변 증상

(1) 증상 및 원인
무의 뿌리 표면에 원형, 선상, 횡선 또는 부정형 등 여러 가지 모양의 함몰과 검은 갈변 및 균열이 생긴다. 원인은 저온기에는 라이족토니아(세균의 일종)에 의한 감염이고, 고온기에는 아파노마이세스(곰팡이의 일종)에 의하여 발생한다. 일반적으로 다습하면 많이 발생하고 연작하면 증가된다. 일찍 파종하거나 배수가 잘 되지 않아도 발생한다.

(2) 대책
땅을 깊이 갈고 이랑을 높게 하여 배수가 잘되면 감소하나 경종적 방제만으로는 완전 방제가 어렵다. 돌려짓기를 하고 온도가 너무 높을 때 파종하지 않는다. 저항성 품종을 심어서 피해를 예방한다.

(그림 22) 균열 갈변된 무의 모습

아. 갈색 심부 증상(적심증, 흑심증)

(1) 적심증
잎과 뿌리의 외부는 정상적인 무와 같으나 뿌리 내부가 엷은 황갈색 혹은 적갈색으로 변색되어 있어 실질적으로 상품 가치가 없다. 대체로 뿌리 하부에서 발생하나 전체에 발생하는 경우도 있다. 변색부와 건전부와의 경계는 확실하지 않으나 간혹 윤곽이 명료하고 진한 갈변 부분이 점점이 박혀 있는 경우도 있다. 발생된 부분의 조직은 치밀하여 딱딱하게 되고 매운맛이 강해지며 쓴맛도 느껴진다. 적심증이 빨리 나타날 때에는 파종 후 30일경부터 발생되며 그 후 뿌리 비대와 더불어 발생량은 많아지고 적심 정도도 심해지는 경우가 많다.

(그림 23) 적심증의 말기 증상

(2) 흑심증

무뿌리의 상부 혹은 중앙부가 갈색 또는 검은색으로 변하는데, 변색 부위는 규칙성이 없고 도처에서 발생되는 현상이다. 증상이 진행되면 변색 부분이 넓어지고 중심부에는 공동(구멍)이 생긴다. 또한 변색 부분의 조직은 단단하게 된다. 일반적으로 파종 후 45일경부터 증상을 볼 수 있다.

(3) 발생 조건

적심증과 흑심증은 품종에 따른 차이가 커서 일반적으로 많이 발생하는 조건에서 전혀 발생하지 않는 품종도 있다. 또한 이들의 발생 정도는 파종기에 따라 영향을 많이 받는데, 6월 상순부터 중순에 파종할 때 많이 생기고 이 시기보다 일찍 파종하거나 늦게 파종하면 발생이 감소한다. 생육 중의 기온과 갈색 심부 증상의 발생 관계를 보면 고온일 때 발생하는 경우가 많다. 생육 후반기 기온이 상승하는 경우에 많이 발생하며 특히 지온이 높을 때 많이 발생한다. 생육 중기까지의 지온은 발병에 큰 영향이 없으나 생육 후기 지온이 높으면 많이 발생한다. 적심증은 생육 후반에 평균 지온이 25~27℃ 이상이면 많이 발생하며 일교차가 크면 감소하는 경향을 보인다. 흑심증은 적심증보다도 지온에 대한 영향이 명확하게 나타나는데 생육 후반의 평균 지온이 27℃ 이상에서 많이 발생하고 23℃ 이하에서는 적어진다. 적심증의 발생은 양토와 식양토에서 잦고 사토와 사양토에서는 드물다. 토양 종류의 차이에 따른 적심증 발생의 차이는 토양 중에 있는 유효태 인산 및 붕소의 많고 적음과 지온의 일교차 등이 영향을 미친다. 특히 토양 중의 유효태 인산과 붕소가 적어서 뿌리 부분에 인산 및 붕소의 함유량이 적을 경우 많이 발생한다. 흑심증은 양토, 식양토 및 사토에서 많이 발생하고 사양토에서는 적게 발생한다.

(4) 방제 기술

완숙퇴비를 밭에 기초비료로 시용하면 적심증 및 흑심증의 발생이 경감된다. 이들에 대한 퇴비의 시용 효과는 퇴비에 포함되어 있는 인산 등 각종 성분들에 의한 것으로 생각된다. 퇴비량을 300평에 0.2~0.3t을 시용해도 적심증 및 흑심증이 경감되고 1t이면 발생 억제 효과가 좋다. 인산의 경우 비료 종류 및 사용량에 따라 억제 효과가 다른데 특히 과인산석회의 효과가 좋으며 10a당 40kg을 살포하면 발생 억제 효과가 크다. 인산을 퇴비와 함께 사용하면 토양에서 유효태 인산량이 많아지고 적심증과 흑심증에 대하여 효과가 크므로 될 수 있으면 퇴비와 함께 사용하는 것이 좋다. 붕소의 경우도 비료 종류 및 사용량에 따라 억제 효과가 있는데 붕산을 10a당 0.2~0.3kg를 시용하는 것이 좋다. 일반적으로 토양 중에 유효태 붕소는 0.5ppm 이상 필요하지만 고온기에 생육하는 작형에서는 더 많은 붕소를 필요로 한다. 붕소는 토양이 알칼리성이면 토양에 흡착되어 작물이 흡수하지 못하므로 토양을 pH 5.5~6.0으로 교정한 다음 시용해야 효과가 좋다. 비닐 멀칭을 하지 않으면 발생이 적어지므로 잡초가 적은 밭이나 좁은 면적에 재배할 경우 멀칭을 하지 않고 재배하는 것이 좋다. 저온기에 멀칭 재배를 할 경우 생육 초기(본엽 5매)에 멀칭을 제거하는 것이 바람직하고 멀칭을 하지 않을 경우에는 뿌리 비대가 떨어지므로 비료를 좀더 사용하는 것이 좋다. 적심증과 흑심증의 발생은 품종 간 차이가 있으므로 발생이 잘되는 재배 지역 또는 작형에서는 발생이 둔감한 품종을 선택하여 재배해야 한다.

자. 공동

(1) 증상 및 원인

공동의 형성은 파종 후 20일경에 시작되어 40일경에 끝나며 그 후 뿌리의 비대와 더불어 뿌리 끝에서부터 점점 위로 진전되는데 주로 뿌리 아래쪽 3분의 1 지점에서 생기는 경우가 많다. 발생 초기의 공동은 하얀색이다가 수확기에는 갈색 또는 검은색으로 변하며 내부에 물이 고이거나 썩기도 한다.

(그림 24) 무 뿌리의 공동 증상

생육 초기 온도가 높으면서 건조하면 공동의 발생이 많아지는데 특히 5월 중순~7월 하순 및 10월 중순 이후에 파종하면 현저하게 많이 발생한다. 많이 발생하는 기온 조건은 저온기에 일교차가 심할 때와 평균 기온 17℃ 이하 또는 27℃ 이상일 때이다. 질소질 비료를 과다하게 사용하거나 토양수분이 급격히 변할 때 또는 무 포기 사이가 넓을 때 잘 발생한다.

(2) 대책

많이 발생하는 시기를 피하여 파종하고 생육 초기에 충분히 관수하여 순조롭게 자라도록 한다. 질소질 비료를 줄이고 칼리 비료 비율을 높이며, 토양이 너무 건조하지 않게 물 관리에 신경을 쓰며 지온이 급격하게 올라가지 않도록 한다.

차. 환경오염으로 인한 생리 장애(가스 장해 등)

비닐하우스 내에서의 가스 피해는 비료에 의해 발생되는 암모니아(NH_3), 이산화질소(NO_2) 가스 피해와 난방기에 의해 발생되는 아황산가스(SO_2), 일산화탄소(CO) 가스 피해가 있다. 무에서는 비료, 그중에서도 부숙되지 않은 퇴비를 사용할 때 발생하는 가스 피해가 대부분이다.

(1) 암모니아와 이산화질소
-가. 발생 원인과 증상
질소질 비료를 과용하거나 석회 시용 후 비닐하우스를 밀폐시켜 재배할 때 많이 발생한다. 덜 썩은 퇴비나 계분 등을 사용하여도 발생하는데, 암모니아 가스 피해는 엽록소를 파괴시키므로 엽맥 사이에 백색 반점 무늬가 많이 발생하며 잎 가장자리부터 타는 증상이 나타나기도 한다. 이산화질소는 생육이 왕성한 중간 잎에서 발생하며 엽맥 간 수침상 점무늬가 많아진다. 기공이 열리는 밤에 이러한 가스에 의한 피해가 특히 심하다.

-나. 대책
표준 시비량을 잘 지켜서 사용하며 전층시비 한다. 또한 토양 pH가 5.0 이하인 산성에서 이산화질소가 많이 발생하므로 토양을 중화시킨다. 유기질 퇴비는 반드시 완전히 부숙시켜서 밭에 넣어주며 유황 분말을 20kg/10a 시용하면 암모니아나 이산화질소의 발생을 억제시킬 수 있다. 이때 유황 분말을 많이 시용하면 pH가 낮아져서 오히려 이산화질소 발생을 조장할 수 있으므로 이 점에 유의한다.

(2) 난방기와 대기오염에 의한 작물의 피해
-가. 아황산가스(SO_2)
유황화합물로 되어 있는 화석연료를 사용할 때 많이 발생하는 아황산가스는 대도시나 도시 근교에서 발생할 수 있는 장애이다. 아직까지 눈에 띄는 구체적인 피해가 보고된 일이 없으나 작물의 생리작용에 영향을 미쳐 생육을 저해하는 눈에 보이지 않는 피해가 나타날 수 있으며, 대기오염이 심각한 도시 근교에서 나타날 수 있다.

-나. 오존(O_3)

오존은 대기 중에 방출된 질소산화물 및 유기화합물이 태양 광선에 의해 광화학 반응을 일으켜 생성된다. 최근에 서울을 중심으로 한 대도시에서 오존주의보가 자주 발령되는데 이에 대한 주의가 요망된다. 일반 작물은 0.4ppm의 오존에 2시간 정도 노출되면 피해가 발생하며 다양한 형태로 잎의 기형, 변색, 생장 멈춤 등이 나타난다.

chapter 6

병해충 진단 및 방제

01
무의 주요 병해 피해와 방제법

가. 뿌리혹병(根瘤病, *Clubroot*)

(1) 피해 증상
병든 식물체는 생육이 부진하고 잘 자라지 못하며 잎이 오그라들어 아랫잎부터 늘어진다. 병에 걸린 식물체를 뽑아보면 뿌리에 크고 작은 혹이 여러 개 있는데 크기는 작은 주먹 정도에 달하는 것도 있다. 병든 뿌리는 갈색으로 변해 악취를 내며 썩기도 한다. 기온이 높은 한낮에는 시들었다가 다시 회복되는 증상이 반복되다가 결국은 포기 전체가 시들어 죽는다.

(2) 병원균 : *Plasmodiophora brassicae*
병원균은 작물의 뿌리에 기생하며 휴면포자를 형성하고 휴면포자에서 형성된 병원균이 뿌리의 표피세포를 침입하여 병을 유발한다. 이렇게 감염된 세포는 비정상적으로 커져서 뿌리에 혹이 생긴다.

(3) 발생 특성
뿌리혹병의 발생은 토양 산도 및 토양수분과 밀접한 관계가 있다. 따라서 토양 속에 병원균의 밀도가 높다고 해도 조건이 활동에 적합하지 못하면 발병하지 않는다.

일반적으로 토양이 산성일 경우에 발병하기 쉽고 중성과 알칼리성일 경우에는 발병하지 않는다. 토양수분이 적을 경우에는 포자 발아가 현저히 억제되며 특히 건조에 대한 저항성이 약하여 45% 이하의 습도에서는 사멸한다. 또한 지온과 기온이 18~25℃일 때 가장 많이 발병한다.

(4) 방제 대책
-가. 재배적 방제
3~4년간 십자화과 채소(배추, 무, 양배추, 갓, 케일, 꽃양배추 등)를 심지 말고 윤작을 실시하여 병원균의 밀도를 낮춘다. 대체 작물로 시금치, 양파, 가지, 고추 등을 선정해서 돌려짓기를 하면 방제 효과를 높일 수 있다. 배추, 무, 양배추, 갓, 케일, 꽃양배추 등 감염되기 쉬운 작물은 심지 않는다. 배추과 이외의 여러 작물 중에서도 상추, 시금치, 참외, 가지, 보리, 옥수수, 메밀, 쪽파, 저항성 무, 콩, 완두 같은 작물을 심으면 돌려짓기의 효과가 있다. 다만 돌려짓기는 농약 살포처럼 단기간에 효과가 나타나는 것이 아니고 여러 해에 걸쳐 나타나므로 꾸준히 다른 작물로 돌려가면서 재배하는 것이 중요하다. 저습지 재배는 되도록 피하고 배수를 잘 시켜야 하며 높은 이랑 재배를 실시한다. 산성토양에 발생이 심하므로 토양에 따라 파종 전에 10a당 200kg 정도의 소석회를 시용하여 토양 산도를 pH 7.0 이상으로 조절한다. 또한 유기물을 다량 투입하여 작물을 튼튼하게 하고 발병이 심한 재배지에서는 작물의 파종시기를 늦추어 발생적온인 18~25℃의 온난한 계절을 피한다.

- 나. 약제 방제
무 뿌리혹병 방제를 위해 등록된 약제는 없으나 배추에 등록된 약제를 적용하여 사용한다. 특히 정식 전 토양소독을 위해서는 플루아지남 입제 등을 정식 전 토양 전면에 살포한 직후 골고루 뒤섞어 소독한다. 또는 식물체 뿌리를 약제에 침지 후 정식하면 효과적으로 방제할 수 있다.

나. 시들음병(萎凋病, *Fusarium Wilt*)

(1) 피해 증상

생육초기에는 지상부 생육이 부진해지면서 잘 자라지 못한다. 지하부의 병든 뿌리는 표면이 매끄럽지 않고 다소 움푹 들어간다. 뿌리를 잘라 보면 중앙부위가 갈변된다. 생육 중후기에는 잎의 일부가 노랗게 변색되고, 점차 식물체 전체로 확대된다. 건조하면 아래 잎이 마르면서 고사하지만, 습하면 노란 잎줄기(엽병)는 뿌리로부터 쉽게 탈락된다. 병든 뿌리의 백색 표면은 피부가 멍든 것처럼 보인다. 뿌리를 잘라 보면 표피와 가까운 도관 부위가 갈변~흑변한다. 병이 심해지면 병든 식물체의 뿌리는 썩고 지상부도 완전히 말라 죽는다.

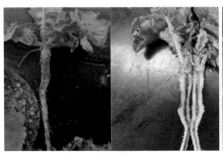

생육 초기　　　　　　　　생육 중후기

(그림 25) 무 시들음병 병징

(2) 병원균 : *Fusarium oxysporum* f.sp.*raphani*

시들음병균은 곰팡이균의 일종이다.

(3) 발생 특성

양배추의 시들음병균과 동일한 종이지만 기생성에 차이가 있으며, 무의 균은 무를 비롯하여 순무 등 일부 배추과 작물을 침입하여 병을 일으킬 수 있다. 병의 발생에 적합한 온도는 24℃ 이상이며, 16℃ 이하와 33℃ 이상에서는 발병되지 않는다. 토양이 산성(pH 5.0~5.5)이고 배수가 양호한 사질양토에서 발생이 많다. 월동체인 후막포자는 기주식물 없이도 토양에서 수년간 생존하기 때문에 방제가 매우 어려운 병해이다.

(4) 방제 방법

무 시들음병 방제를 위해 파종 전 다조멧으로 토양훈증을 실시하고, 피해가 심한 농가는 이어짓기를 피해야 한다. 5년 이상 배추과 채소 특히, 방울양배추, 순무, 루콜라, 스토크(비단향꽃무)를 심지 말고 돌려짓기(윤작)를 실시하여 병원균의 밀도를 낮춘다. 대체작물로 당근, 대파, 쥬키니호박 등 비기주작물을 선정해서 돌려짓기를 하면 방제효과를 높일 수 있다. 또 토양에 오랫동안 물에 대어 놓거나(담수) 태양열 소독 등을 통한 토양소독이 필요하다. 시들음병이 발생한 재배지에서는 석회 사용으로 토양 산도를 높여주고 선충 등 토양 해충에 의해 뿌리가 상처가 나지 않도록 한다. 가능한 미숙퇴비를 사용하지 않고 염류 농도가 높지 않게 관리한다.

다. 흰녹가루병(白銹病, *White Rust*)

(1) 피해 증상

주로 잎에 나타나며 간혹 줄기와 꽃자루에도 나타난다. 처음에는 잎의 뒷면에 흰색의 작은 병반이 나타나고 점차 진전되면 표피가 갈라지면서, 하얀 포자 덩어리가 형성된다. 잎 앞면에는 뚜렷하지 않은 황갈색의 병반으로 나타난다.

(2) 병원균 : *Albugo candida*

(3) 발생 특성

병원균은 병든 식물체의 조직 속에서 난포자 또는 균사의 형태로 월동하며 1차 전염원이 된다. 물에 의해 쉽게 전염되는 병원균은 식물체의 기공을 통하여 침입하고 생육적온은 10℃ 내외이다. 주로 봄과 가을에 발생이 심하며 비가 많은 해에 피해가 크다.

(4) 방제 방법

배추과 작물의 연작을 피하고 병에 걸린 잎을 제거한다. 국내에는 흰녹가루병에 등록된 약제가 없으며, 노균병과 동시 방제가 가능하다.

라. 노균병(露菌病, *Downy Mildew*)

(1) 피해 증상

초기에는 잎에 연한 황색의 작은 부정형 병반이 형성되고, 잎 뒷면에 하얀 곰팡이가 다량 형성된다. 잎 뒷면에 형성된 곰팡이가 이슬처럼 보여 노균병이라고 불린다. 유묘기에 발생하면 잎이 쉽게 떨어지고 묘 전체가 죽는다. 생육 후기에 감염된 잎은 떨어지지 않고 작은 병반들이 합쳐져 잎 전체가 황록색 혹은 황갈색으로 변하고 말라 죽는다.

(그림 26) 무 노균병 병징(잎 앞면, 뒷면)

(2) 병원균 : *Pernospora brassicae*

(3) 발생 특성

묘상에서 발생하면 피해가 아주 크지만 생육기에는 별 문제가 되지 않다가 생육 후기에 온도가 낮고 습도가 높으면 아래쪽 잎부터 발생한다. 병원균은 병든 식물체의 조직 속에서 난포자 상태로 월동하고, 이듬해에 다시 발아하여 기주에 침입한 다음, 잎 뒷면에서 다량의 포자낭을 형성하여 공기 중으로 쉽게 퍼진다. 병원균은 잎의 기공이나 수공으로 침입하여 세포간극에서 증식하며, 흡기를 내어 주변 세포의 영양을 흡수한다. 수분과 온도가 병원균의 증식과 전반 및 침입에 가장 중요한 영향을 미친다. 온도가 낮고 습도가 높은 조건에서는 3~4시간 안에 포자가 발아하여 식물체를 침입하고, 4~5일 내에 새로운 작물로 옮겨 간다. 밤 온도가 8~16℃, 낮 온도는 24℃ 이하일 때가 발병하기 쉽다. 또 오전 10시까지 이슬이 맺혀 있는 기간 이 3~4일이 지속되면 심하게 발생한다.

(4) 방제 방법
병든 잎은 조기에 제거하여 불에 태우거나 땅속 깊이 묻는다. 통풍을 하여 잎에 이 슬이 맺혀 있는 시간을 줄이고 토양이 과습하지 않도록 관리한다. 등록 농약이 없 으므로 배추의 같은 병에 등록된 농약을 쓰되 약해 유무를 시험한 후에 살포하여 방제를 하여 준다.

마. 탄저병(炭疽病, *Anthracnose*)

(1) 피해 증상
주로 잎에서 발생하며, 간혹 꽃자루와 꼬투리에도 발생한다. 잎의 병반은 부정형 의 작은 회색 반점으로 나타나고, 잎 뒷면의 병반은 갈색 내지 흑색의 테두리를 가 진 부정형의 회색 반점으로 나타난다. 진전되면 병반이 융합하여 확대되고 잎이 마른다.

(그림 27) 무 탄저병 병징

(2) 병원균 : *Colletotrichum higginsianum*

(3) 발생 특성

병원균은 병든 식물조직이나 종자에서 겨울을 나고 1차 전염원이 된다. 균사 혹은 포자의 형태로 월동 후 공기를 통하여 전염된다. 특히 고온다습한 환경에서 발병이 심하며, 주로 여름과 가을의 노지에서 많이 발생한다.

(4) 방제 방법

일반적으로 심하게 발병하지 않으므로 본 병만으로 약제를 살포할 필요는 없고 다른 병해와 동시 방제한다.

바. 검은썩음병(黑腐病, *Black Rot*)

(1) 피해 증상

잎과 뿌리에 발병한다. 잎은 처음에 잎 끝이 청백색으로 변하고 나중에 담갈색으로 마른다. 무를 잘라보면 속의 일부가 갈색으로 변색되어 있는 것을 확인할 수 있다. 토양습도가 높은 조건에서는 무름병과 유사하게 물러 썩기도 하지만 무름병과는 달리 심한 악취가 나지는 않는다.

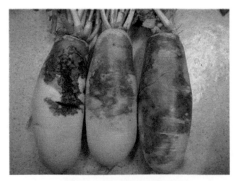

(그림 28) 무 검은썩음병 증상

(2) 병원균 : *Xanthomonas campestris*

검은썩음병균은 세균의 일종으로 발육 적온은 31~32℃이다.

(3) 발생 특성

병원균은 종자 표면에서 생존 잔재하여 종자가 발아되면서부터 감염이 이루어진다. 병원균은 병든 식물의 잔재나 종자 속에서 월동하여, 다음 해에 전염원으로 작용하며 주로 수공을 통해 침입하거나 해충의 식흔(食痕)이나 상처를 통해 침입한다. 병원균은 비바람과 농기구 등에 의해 주로 퍼지며, 곤충의 유충에 의해서도 퍼질 수 있다.

(4) 방제 방법

피해가 심한 밭은 이어짓기를 피하고 5년 이상 십자화과 이외의 작물로 돌려짓기를 한다. 토양은 담수하거나 태양열 소독 등을 실시한다. 발병 초기에 감염된 식물체는 빨리 제거하고 건전한 무를 보호하기 위해서 배추에 등록된 살균제를 선택해 잔류 및 약해에 유의하여 살포해 준다.

사. 무름병(軟腐病, *Bacterial Soft Rot*)

(1) 피해 증상

잎이 노랗게 변하여 죽는다. 나중에는 엽병 가까이에 있는 뿌리 쪽부터 연화 부패해서 탈락하고 위에서 보면 식물체의 중심부가 연화되고 부패해 있는 경우가 많다. 시들음 증상을 보이는 식물체에서 잎을 지지하는 뿌리 위쪽을 보면 표면이 하얗게 되어 건강하지 않은 색을 보인다. 손으로 눌러보면 쉽게 굽어지고 내부는 연화 부패되어 있다. 이것이 바로 전형적인 병징이며 검은썩음병과 시들음병 등과 같이 발생되는 경우가 많다. 여러 가지의 증상으로 나타나는데 무름병 병원균에 의해서는 연화 부패하여 악취가 발생한다.

(그림 29) 무 무름병 병징

(2) 병원균 : *Erwinia carotovora supsp. carotovora*

무름병균은 세균의 일종이다. 다범성으로 여러 가지 작물에 무름병을 일으킨다.

(3) 발생 특성

병원균은 토양을 통하여 전염된다. 이 병이 많이 발생하는 배추, 상추, 무 등과 이어 짓기를 하면 발생하기 쉽다. 온도와 습도가 높은 환경에서 발병이 심하며, 병든 잔재물과 토양 속에서 월동을 하다가 다음해에 1차 전염원이 된다. 파리목 곤충의 번데기 속에서 독립적으로 월동을 한다. 일반적으로 식물체의 상처나 곤충의 유충이 식물체를 먹을 때 병원균의 침입이 일어난다.

(4) 방제 방법

무름병 피해가 심한 재배지는 콩과 등 비기주 작물과 함께 돌려짓기 한다. 이 병원균은 건조한 조건에서는 잘 발생하지 않으므로 배수와 통풍이 잘되게 관리해 준다. 또한 무 식물체에 상처가 나지 않도록 관리하며 전염 매개충인 파리목 곤충을 방제해 준다. 국내에 등록된 약제가 없으나, 방제 농약이 등록되기 전까지는 배추의 무름병에 등록된 농약을 쓰되 약해 유무를 시험한 후에 살포한다.

아. 균핵병(菌核病, *Sclerotinia Rot*)

(1) 피해 증상
생육 초기에는 잎자루와 잎에서 발생한다. 감염 부위에서는 흰 균사가 자라면서 식물체가 물러져 썩고, 후에 부정형의 검은 균핵이 형성된다. 생육 중기 이후에는 뿌리의 윗부분과 잎자루에서 발생하며, 감염 부위가 물러져 썩으면서 흰 균사가 뭉쳐 균핵을 형성한다. 생육 후기에는 줄기와 꼬투리에도 발생하며, 감염 부위가 백색 내지 회색으로 변하여 말라 죽는다. 그 내부에는 부정형의 검은 균핵이 형성된다.

(그림 30) 무 균핵병 병징

(2) 병원균 : *Sclerotinia sclerotiorum*

(3) 발생 특성
병원균은 병든 식물체의 조직 및 토양 내에서 균핵의 형태로 월동한다. 습도가 높고 기온이 15~25℃의 서늘한 상태에서 병 발생이 심하다. 병원균은 무뿐만 아니라 십자화과, 가지과, 콩과 등의 다른 작물에도 침해하여 균핵병을 일으킨다.

(4) 방제 방법
병든 식물체는 조기에 제거하여 땅속에 파묻거나 불태워 전염을 미리 차단한다. 시설하우스에서 무를 재배할 때 온도가 낮거나 습도가 높지 않도록 관리한다. 담수가 가능한 곳에서는 담수하여 균핵을 부패시킨다. 등록된 약제는 없으나 상추 균핵병에 등록된 약제의 약해를 시험한 후에 살포한다.

자. 바이러스병(*Virus Disease*)

(1) 피해 증상
세 종류의 바이러스에 의해서 발생하며 병징만으로는 바이러스의 종류를 구분하기 어렵다. 잎에 모자이크, 축엽, 주름 등의 증상이 나타나고 식물체 전체가 위축된다. 초기에 새로 나온 잎에서 농녹색의 모자이크가 나타나며 점차 식물 전체에 영향을 미쳐 황색의 반점을 나타낸다. 병이 발생한 식물의 잎은 주름이 생겨 오그라들고 기형화되며 건전한 것에 비해서 엽편이 현저하게 작아지고 위축한다. 감염 초기에는 엽맥이 투명해지는 증상이 나타나며, 간혹 잎이나 줄기에 괴저 반점으로 나타나고 잎 뒷면에 돌기가 생기기도 한다. 무 잎맥 투명 바이러스(RVCV)에 의해서는 엽맥이 투명해지고 드물게 모자이크 및 기형 잎이 나오기도 한다. 또한 증상이 심해지면 잎의 윗면에 돌출한 주름 등이 형성된다. 생육 초기에 발병한 식물은 생육이 지연되고 뿌리도 커져 상품 가치가 없어진다. 보통 뿌리에는 특별한 증상을 나타내지 않는 경우가 많지만 품종 및 지역에 따라 뿌리의 표면에서 울퉁불퉁해지고 육질이 단단해진다.

(그림 31) 황화 위축 및 모자이크 병징

(2) 병원균
· 오이 모자이크 바이러스(Cucumber Mosaic, CMV)
· 순무 모자이크 바이러스(Turnip Mosaic Virus, TuMV)
· 무 잎맥 투명 바이러스(Radish Vein Clearing Virus, RVCV)

(3) 발생 특성

오이 모자이크 바이러스(CMV)는 토마토, 가지, 고추, 오이, 참외, 멜론, 상추 등 기주 범위가 넓기 때문에 전염원은 어느 재배지에나 존재한다. 주로 진딧물에 의해 전염된다. 순무 모자이크 바이러스(TuMV)는 인공 접종에 의해 즙액 전염이 잘 되며, 복숭아 진딧물은 부화 후 3일이면 바이러스를 전염시킨다. 무 잎맥 투명 바이러스(RVCV)는 국내에서 일부 발생하는데 배추과 채소 중에서도 무에만 발생하고 있다. 일반적으로 온도가 높고 건조한 해에 진딧물 밀도가 높아 바이러스 발생이 많아진다.

(4) 방제 방법

오이 모자이크 바이러스(CMV)는 진딧물이 바이러스를 매개하므로 진딧물의 기주를 제거해 주고 살충제를 살포하여 진딧물을 방제한다. 바이러스의 보존원인 잡초나 중간 기주를 제거해 주고 전염원이 되는 병든 식물은 발견 즉시 제거하여 준다. 또한 어린 묘에 감염이 되면 피해가 크므로 육묘기에 출입문 방충망을 설치해 준다. 순무 모자이크 바이러스(TuMV), 무 잎맥 투명 바이러스(RVCV)는 유묘 단계에서 바이러스 전염원이 되는 병에 걸린 식물을 제거해 준다. 진딧물에 의해 주로 전염되므로 살충제를 살포하여 진딧물을 방제하고, 피해가 적은 품종을 선택하여 재배한다.

02 무의 주요 해충 피해와 방제법

가. 복숭아혹진딧물(매미목 : 진딧물과)

(1) 피해 증상

복숭아혹진딧물, 무테두리진딧물은 배추와 무에 가장 많이 발생하는 우점종이다. 약충과 성충이 잎 뒷면에 기생하면서 식물체의 즙액을 빨아먹는다. 피해 받은 잎은 오그라지거나 말리며, 진딧물이 분비하는 감로(甘露)에 의해 그을음병이 유발되기도 한다.

(2) 형태

유시충은 2.0~2.5mm로서 녹색, 연한 황색, 황갈색, 핑크색 등 몸의 색깔이 다양하다. 제3배마디 등판부터 뿔관 밑부분까지 검은 무늬로 덮여 있고, 무늬의 양쪽에 돌출부가 2개씩 있다. 뿔관은 황갈색이거나 거무스름한 갈색으로 원기둥 모양이다. 무시충은 1.8~2.5mm로 연한 황색, 녹황색, 녹색, 분홍색, 갈색 등을 띠지만 때로는 거무스름하게 보이는 것도 있다. 뿔관 중앙부가 약간 팽대하나 끝부분은 볼록한 편이며, 끝부분에 테두리와 테두리 띠가 있다.

(3) 발생 생태

빠른 것은 연 23세대, 늦은 것은 9세대를 경과하고 겨울기주인 복숭아나무의 겨울눈 기부 안에서 알로 월동한다. 3월 하순~4월 상순에 부화한 감모는 단위생식으로 증식하고, 5월 상순 혹은 중순에 다시 겨울기주로 옮겨 6~18세대를 경과한다. 10월 중하순에 다시 겨울기주인 복숭아나무로 이동해 산란성 암컷과 수컷이 되어 교미한 후, 11월에 월동란을 낳는다. 약충에는 녹색 계통이나 여름기주에서는 녹색 계통과 적색 계통이 같이 발생하는 경우가 많다.

(4) 방제 방법

다른 해충과 마찬가지로 봄철에 화학적 방제법을 비롯하여 무와 배추가 싹트는 시기에 망사나 비닐 등을 이용하여 진딧물의 유입을 차단하는 것이 좋다. 진딧물은 직접적인 피해도 중요하지만 바이러스병을 매개하여 문제가 되고 있다. 바이러스병은 약제로는 방제할 수 없기 때문에 바이러스를 옮기는 진딧물을 방제해야 한다. 따라서 생육 초기부터 철저한 진딧물 방제가 필요하다. 효과적인 방제 약제라 하더라도 한 약제를 계속 사용하면 진딧물 같이 연간 세대수가 많고 밀도 증식이 빠른 해충에는 급속한 약제 저항성이 유발될 수 있으므로 동일 계통이 아닌 약제를 번갈아 살포하여 방제한다.

나. 배추좀나방(나비목 : 좀나방과)

(1) 피해 증상

유충이 배추, 무, 양배추 등 십자화과 채소와 냉이 같은 잡초의 잎에 많이 발생한다. 건드리면 실에 매달려 밑으로 떨어지기도 한다. 크기가 작아 한 마리가 먹는 양은 적지만 1주당 기생 개체 수가 많으면 피해가 심하다. 알에서 갓 깨어난 어린벌레가 초기에는 엽육 속으로 파고 들어가 표피만 남기고 식물체를 먹다가 자라면서 잎 뒷면에서 먹으며 흰색의 표피를 남기고, 심하면 잎 전체를 먹어서 엽맥만 남는다. 배추에서는 유묘기에 많이 발생하며, 잎 전체를 먹어 치워 생육을 저해하거나 말라죽게 한다. 3~4령 유충이 주당 30마리 정도 발생하면 외부 잎을 심하게 먹고 배추의 경우 결구된 부분까지 침입하여 상품 가치를 떨어뜨린다.

(2) 형태

성충은 6mm 정도로 다른 나방류 해충들에 비해 작다. 앞날개는 흑회갈색 또는 담회갈색이고, 날개를 접었을 때 등 중앙에 회백색의 다이아몬드형 무늬가 있는데 암컷에 비해 수컷에서 더욱 뚜렷하다. 알에서 갓 깨어난 어린벌레는 담황갈색을 띠지만 자라면서 점차 녹색으로 변한다. 다 자라면 10mm 내외에 머리 부분은 담갈색이고 몸은 진한 녹색을 띠는 방추형 유충이 된다.

(그림 32) 배추좀나방 유충

(3) 발생 생태

겨울철 월평균 기온이 0℃ 이상 되는 지역에서 월동이 가능하며, 7℃ 이상이면 발육과 성장이 가능하다. 따라서 우리나라 남부 지방에서는 노지에서도 월동 가능하며, 발생량이 많은 늦봄~초여름에는 1세대 기간이 20~25일로 발육 속도가 빨라 재배지에서 알, 애벌레, 번데기, 성충을 한 번에 볼 수 있다. 일반적으로 남부 지방에서는 봄부터 초여름까지 많이 발생하며 여름부터 밀도가 낮아져 가을까지 적게 발생하나 해에 따라 가을에도 발생이 많은 경우가 있다. 고랭지 채소 재배 지역에서는 평야지보다 1~2개월 늦은 8월 하순~9월 상순에 발생이 가장 많다.

(4) 방제 방법

연간 발생 세대수가 많고, 약제 저항성이 쉽게 유발되어 방제가 어려워지고 있다. 배추좀나방은 알, 유충, 성충이 혼재되어 발생하기 때문에 다발생 시에는 7~10일 간격으로 2~3회의 약제를 살포한다. 어린 유충은 엽육 내에 잠입해 있고 3~4령 유충은 잎 뒷면에서 잎을 먹으므로 약 액이 작물 전체에 고루 묻도록 뿌려야만 방제 효과를 높일 수 있다. 배추좀나방은 약제에 대한 내성이 잘 생겨, 동일 계통인 농약보다 다른 계통의 농약으로 바꾸어서 사용하여야 한다. 스프링클러에 의한 관수를 하면 유충이나 성충이 타격을 받게 되어 밀도를 떨어뜨릴 수 있다. 십자화과 식물 이외에 다른 식물을 간작하면 천적 발생이 많아 피해를 줄일 수 있다.

다. 배추순나방(나비목 : 잎말이나방과)

(1) 피해 증상
유충이 싹튼 생장점 부근을 갉아먹어 피해를 준다. 성장하면서 잎 가장자리나 속의 고갱이를 먹으므로 배추의 경우 포기가 누렇게 말라 죽는다. 남부 지방에서 주로 발생한다.

(2) 형태
몸 전체가 회색인 작은 나방이다. 앞날개는 약간 황색이고 중앙에 흑색의 콩팥무늬가 있으며 1/3 위치에 2개의 물결무늬가 있다. 머리는 흑색이며 2개의 불분명한 점무늬가 있고, 뒷다리는 길며 마디에 긴 털이 나 있다. 알은 타원형으로 세로로 주름이 있으며 부화가 가까워지면 등황색으로 변한다. 유충은 12mm가량이다. 머리 부분이 흑갈색이며 횡선이 있고, 몸마디마다 작은 흑색 점과 가는 털이 나 있다. 노숙 유충은 잎을 말고 그 속에 들어가 용화하며, 번데기는 갈색으로 10mm 정도이다.

(3) 발생 생태
1년에 2~3회 발생하며, 번데기로 겨울을 지낸다. 4월에 제1회 성충이 발생하여 십자화과 채소나 담배의 순에 알을 낳는다. 알에서 깨어난 1령 유충은 잎 표면을 기어 다니며 갉아먹지만, 2령부터는 잎을 실로 묶고 그 속에 들어가서 낮에는 실로 묶은 속에서 먹고 밤에는 기어 나와서 갉아먹는다. 5령이 되면 실로 묶은 속에 들어 있으면서 황색으로 변하여 번데기가 된다. 제2회 성충은 6월에, 제3회 성충은 8월에 발생한다. 고온에 비가 많이 오면 발생량이 많아 피해가 심하며 성충 수명은 10일 정도이다.

(4) 방제 방법

온도가 높고 비가 많이 올 때 심하게 발생하므로 많이 발생하는 지역에서는 본 잎이 나올 때 1주 간격으로 적용 약제를 2~3회 뿌려 준다.

라. 도둑나방(나비목 : 밤나방과)

(1) 피해 증상

봄과 가을에 피해가 심하고 결구 채소의 속으로 파고 들어가며 식해하기도 한다.

(2) 형태

성충의 날개를 편 길이는 40~47mm이고 전체가 회갈색~흑갈색이며 앞날개에 흑백의 복잡한 무늬가 있다. 유충은 녹색 또는 흑녹색으로 색채변이가 심하다. 노숙 유충은 40mm로 머리는 담록~황갈색, 몸은 회녹색에 암갈색 반점이 많아 지저분하게 보이며, 기주식물 및 온도에 따라 녹색을 띠는 경우도 있다.

(3) 발생 생태

연 2회 발생하며 여름철 고온기에는 번데기로 하면하고 2회 성충은 8~9월에 나타난다. 고랭지 저온 지대에서는 한여름에도 발생이 많다. 성충은 해질 무렵부터 활동하기 시작하여 오전 7시경 산란하고 낮에는 마른 잎 사이에 숨어 지낸다. 노숙하면 땅속에서 번데기가 된다. 어린 유충은 잎 속에서 잎살만 갉아먹지만 자라면서 잎 전체를 폭식하므로 피해 받은 작물은 엽맥만 남는 경우도 있다.

(4) 방제 방법

애벌레가 자라면서 배추 포기 속으로 들어가서 약제에 노출될 기회가 감소하여 방제하기 어려워진다. 이를 막기 위하여 적절한 약제를 발생 초기에 처리하면 효과가 있다.

마. 파밤나방(나비목 : 밤나방과)

(1) 피해 증상
남부 지방에서 많이 발생하며 기주 범위는 채소, 화훼류까지 매우 넓어 피해가 심하다. 배추에 심하게 발생하면 엽맥만 남기고 잎을 전부 다 먹어 치우는 경우까지 있다.

(2) 형태
성충은 15~20mm에 날개를 편 길이 25~30mm 전후로 같은 속의 담배거세미나방보다 약간 작은 편이다. 몸은 전체적으로 밝은 회갈색이고 앞날개 중앙부에 황갈색의 원형 반문이 있으나, 날개나 반문의 색깔은 개체에 따라 다소 차이가 있다. 알은 0.3mm 내외의 구형이며, 담황색으로 잎 표면에 좁고 길게 20~30개씩 난괴로 산란한 뒤 인편으로 덮어 둔다. 부화 유충은 1mm 정도이며, 다 자라면 약 35mm에 달한다. 어린 유충은 담록색에서 흑갈색에 가까운 것까지 색깔이 다양하다.

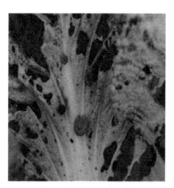
(그림 33) 배추 파밤나방

(3) 발생 생태
노지에서 연 4~5회 발생한다. 고온성 해충으로 25℃에서 알부터 성충까지 28일 정도 소요된다. 1마리의 암컷이 20~50개씩 난괴로 총 1,000개 정도를 산란하므로 8월 이후 높은 온도에서 많이 발생할 것으로 생각된다.

(4) 방제 방법

비교적 어린 1~2령 유충기간에는 약제에 대한 감수성이 있는 편이지만 3령 이후의 노숙유충이 되면서 약제에 대한 내성이 증가한다. 따라서 재배지를 잘 관찰하여 발생초기에 전용약제를 5~7일 간격으로 2~3회 살포하는 것이 좋다. 적용가능 약제로는 크로르프루아주론 유제, 테부페노자이드 수화제가 있다. 일본 등에서는 성페로몬(성유인 물질)에 의한 방제로 효과를 보고 있다.

바. 배추흰나비(나비목 : 흰나빗과)

(1) 피해 증상

배추나 무밭에서 흔히 볼 수 있는 해충으로 유충이 어릴 때에는 십자화과 식물의 잎을 표피만 남기고 엽육을 가해하며, 다 자라면 엽맥만 남기고 다 먹어치운다. 특히 봄과 가을에 피해가 많다.

(2) 형태

발생 시기와 암수에 따라 성충의 모양이 다르다. 암컷은 몸 전체가 백색이며, 길이 20mm 내외에 날개를 편 길이가 50~60mm이다. 수컷은 암컷보다 몸이 가늘고 검은 반점이 작으며 암컷보다 더 희다. 봄에 나오는 것은 빛이 나고 여름에 나오는 것은 희고 작은 편이다. 앞은 황색의 원추형이며, 유충은 30mm 정도까지 자란다. 몸 전체가 초록색이고 잔털이 많이 나 있다. 숨구멍 주위에 검은 고리 무늬가 있으며, 숨구멍 선에는 노란 점이 늘어서 있다.

(그림 34) 배추흰나비

(3) 발생 생태

연 4~5회 발생한다. 가해식물이나 근처의 수목 또는 민가의 담벼락이나 처마에 붙어 번데기 상태로 겨울을 지낸 뒤에, 이른 봄부터 성충이 되어 십자화과 식물의 잎 뒷면에 알을 낳는다. 알에서 깨어난 애벌레는 바로 잎을 가해하기 시작한다. 다 자란 애벌레는 잎 뒷면이나 근처의 적당한 장소에서 번데기가 되며, 우화(羽化)하여 세대를 되풀이한다. 배추흰나비는 가을 김장무와 배추에 계속 발생하기 때문에 봄부터 가을까지 각 충태(蟲態)를 볼 수 있다.

(4) 방제 방법

유충은 약제 감수성이 커서 일반 살충제에도 잘 죽으므로 발생 정도를 보아 피해가 우려되면 약제를 1~2회 살포하거나 피해가 있는 포기에서 유충을 잡아 죽인다.

사. 벼룩 잎벌레(배추 벼룩 잎벌레)

(1) 피해 증상

성충은 주로 십자화과 채소의 잎을 먹어 구멍을 만든다. 배추와 무에서는 어린 묘에 피해가 많고 생육 초기의 피해로 인한 구멍은 식물체가 자라면서 커져서 상품 가치가 떨어진다. 유충은 무와 순무의 뿌리 표면을 불규칙하게 먹으며, 흑부병(黑腐病) 발생의 원인이 되기도 한다. 늦은 봄부터 여름까지 피해가 심하다.

(그림 35) 벼룩 잎벌레

(2) 형태

성충은 2~3mm의 타원형이다. 전체적으로 흑색을 띤다. 성충의 날개 딱지에는 굽은 모양의 황색 세로띠가 2개 있으며, 위협 받으면 벼룩처럼 튀어 도망간다. 다 자란 유충은 8mm 정도로, 유백색이며 머리는 갈색이다. 토양 중의 흙집 속에서 용화하며, 번데기는 2~3mm의 크기이다.

(3) 발생 생태

성충으로 월동하고 연 3~5회 발생한다. 낙엽, 풀뿌리, 흙덩이 틈에서 월동한 성충이 3월 중하순부터 출현하여, 4월부터 약 한 달간 작물의 뿌리나 얕은 흙 속에 1개씩 총 150~200개의 알을 낳는다. 성충 밀도는 5~6월경에 증가하지만 여름철에는 다소 줄어든다.

(4) 방제 방법

생육 초기의 방제가 중요하므로 씨뿌리기 전에 토양살충제를 처리하여 땅속의 유충을 방제하고 싹이 튼 후나 정식 후에는 희석제를 뿌려 방제한다.

아. 달팽이류

(1) 피해 증상

봄과 가을에 피해가 크다. 발아 후의 유묘기에 많이 발생하면 피해가 크기 때문에 주의해야 한다. 식물이 성장하면 어린잎과 꽃을 먹으며, 피해 증상은 나비목 해충의 유충 피해와 비슷하다. 달팽이가 지나간 자리에는 점액이 말라붙어 있어 햇빛에 하얗게 반사되는 점으로 구별할 수 있다. 낮에는 지제부나 땅속에 잠복하다가 주로 야간에 식물체의 잎과 꽃을 가해하나, 흐린 날에는 낮과 밤을 가리지 않는다.

(2) 형태

어린 개체의 껍질은 3~4층이며, 껍질 직경은 0.7~0.8mm이다. 성체는 5층에 껍질 색깔은 담황색 바탕에 흑갈색 무늬를 띠는 개체가 많으나 지역과 시기에 따라 변이가 크다. 알은 2mm 정도의 구형이며 유백색을 띤다.

(3) 발생 생태

연 1~2회 발생한다. 겨울에는 성체 또는 유체로 몸체를 껍질 안에 집어넣고 땅속에 반쯤 묻힌 상태로 월동한다. 3~4월경부터 활동하기 시작하며, 성체는 자웅동체로서 4월경부터 교미에 의해 정자낭을 교환한다. 교미 약 7일 후부터 2~3cm 깊이의 습한 토양에 3~5개씩 산란하며, 1마리당 100개 내외의 알을 낳는다. 알은 15~20일 만에 부화하며, 부화한 어린 달팽이는 가을까지 잎을 먹는다.

(4) 방제 방법

토양 중에 석회가 결핍되면 달팽이 발생이 많으므로 석회를 사용한다. 온실 내의 채광과 통풍을 조절하여 습기를 줄여 달팽이 발생을 억제하며, 발생이 많을 때에는 유인제를 이용하여 유살한다.

농약허용물질목록관리(PLS)제도란 국내 사용 등록 또는 잔류허용기준 (MRL)에 설정된 농약 이외에 등록되지 않은 농약은 원칙적으로 사용을 금지 하는 제도를 말한다. 이 제도가 시행되면 허용물질 이외의 물질은 무를 포함한 농작물에 원칙적으로 사용이 금지된다. 현재 국내 농약 잔류허용기준 미설정 농약의 경우 국제기준 코덱스(Codex)를 적용함에 따라 수입 농산물에 대하여 수출국의 잔류허용기준보다 높은 기준 적용 사례가 발생하고 있다.

즉 안정성이 입증되지 않은 농약의 유입을 사전에 차단하고 안전한 농산물 을 수입하고자 잔류허용 기준이 강화되었다. PLS가 시행되면 코덱스와 유사 농산물 적용기준이 삭제되고 0.01ppm 이하 적합 기준만 적용이 된다. 따라 서 농업인들이 농약 사용 시에는 해당작물과 병해충에 등록된 농약인지 반드 시 확인 후에 사용해야 한다. 또한 농업현장에서 농약안전사용기준을 준수하 고 농약을 올바르게 사용한다면 PLS제도가 시행된다 하더라도 충분히 극복 가 능하다. 농약 사용상에 있어서 농업인의 관행적인 습관인 쓰고 남은 농약을 다 른 작물에 사용, 고농도 살포 등은 바꿔야 한다. 또 반드시 농약안전사용기준 을 준수하여 농약 살포해야 한다. 농약 살포 시 주의사항은 다음과 같다. 첫째, 재배 작물과 병해충에 등록된 농약을 사용해야 한다. 둘째, 농약 희석배수, 사 용시기와 횟수를 준수한다. 셋째, 수확 전 마지막 살포일을 준수해야 한다.

아래에 2018년 등록이 되어 사용해도 좋은 무 재배용 농약 목록을 제공하 니 무 재배에 안전한 농약을 살포하면 유용할 것이다.

표1 무 재배용 농약 등록 세부내역

용도	적용병해충	품목명	등록규격	작용기작
살균	노균병	가스가마이신 입상수화제	10	라3
		아메톡트라딘. 디메토모르프 액상수화제	47(27+20)	다8+아5
		에타복삼 액상수화제	15	나3
	무름병	가스가마이신 입상수화제	10	라3
		가스가마이신. 폴리옥신디 입상수화제	13(9+4)	라3+아4
		스트렙토마이신. 발리다마이신에이 수화제	20(5+15)	라4+아3
		옥솔린산 수화제	20	가4
		옥솔린산 입상수화제	20	가4
		옥솔린산.스트렙토마이신 수화제	25(10+15)	가4+라4
	뿌리혹병	플루아지남 분제	0.5	다5
			1	다5
		플루아지남 수화제	50	다5
		플루아지남 액상수화제	50	다5
	잎마름병	디페노코나졸 액상수화제	10	사1
살충	거세미나방	클로티아니딘.페니트로티온 입제	5.3(0.3+5)	4a+1b
		포레이트 입제	5	1b
	검거세미밤 나방	비펜트린.터부포스 입제	1.6(0.1+1.5)	3a+1b
	고자리파리	클로티아니딘.페니트로티온 입제	5.3(0.3+5)	4a+1b

용도	적용병해충	품목명	등록규격	작용기작
살충	무테두리 진딧물	사이안트라닐리프롤.피메트로진 입상수화제	60(10+50)	28+9b
		피리플루퀴나존 액상수화제	6.5	9b
	배추좀나방	사이안트라닐리프롤.피메트로진 입상수화제	60(10+50)	28+9b
		에토펜프록스.피리달릴 미탁제	15.5(8+7.5)	3a+미분류
		플루벤디아마이드 액상수화제	20	28
	벼룩잎벌레	델타메트린.테부피림포스 입제	2.1(0.1+2)	3a+1b
		디노테퓨란 분제	0.7	4a
		디노테퓨란 수화제	10	4a
		디노테퓨란 입제	2	4a
		람다사이할로트린 분제	0.2	3a
		비펜트린.카두사포스 입제	2.6(0.1+2.5)	3a+1b
		비펜트린.터부포스 입제	1.6(0.1+1.5)	3a+1b
		비펜트린.폭심 입제	1.6(0.1+1.5)	3a+1b
		사이플루트린.테부피림포스 입제	2.1(0.1+2)	3a+1b
		스피네토람 입상수화제	5	5
		에토프로포스.터부포스 입제	5.5(4+1.5)	1b+1b
		테플루트린.티아메톡삼 입제	1(0.5+0.5)	3a+4a
	복숭아혹 진딧물	사이안트라닐리프롤.피메트로진 입상수화제	60(10+50)	28+9b
	좁은가슴 잎벌레	사이안트라닐리프롤 유상수화제	10.26	28

용도	적용병해충	품목명	등록규격	작용기작
살충	파밤나방	사이클라닐리프롤 액제	4.5	미분류
		피리달릴 유탁제	10	미분류
	파총채벌레	스피네토람 액상수화제	5	5
제초	일년생잡초	글루포시네이트암모늄 액제	18	H
		나프로파마이드 입제	2.5	K3
		알라클로르 유제	43.7	K3
		에스-메톨라클로르 유제	25	K3
			86.49	K3
		에스-메톨라클로르 입제	2.5	K3
		에스-메톨라클로르.티오벤카브 유제	42(12+30)	K3+N
		에스-메톨라클로르.티오벤카브 입제	7(2+5)	K3+N
		티오벤카브 입제	7	N
	일년생잡초 (화본과)	세톡시딤 유제	20	A
		플루아지포프-피-뷰틸 유제	17.5	A
	일년생 화본과잡초	클레토딤 유제	12.5	A
생장 조정	생장억제	프로헥사디온칼슘 액상수화제	20	비대상

배추

KIMCHI CABBAGE

제 1 장

배추 생산동향

01 생산동향

재배면적 변화 동향

우리나라의 배추 재배면적은 국민 식습관 변화와 중국산 김치 및 반가공품 수입과 타 소득 작목 재배 증가 등으로 2000년 이후 꾸준한 감소 추세를 보이고 있다. 배추 재배면적은 1997년 43.4천 ha에서 2000년 51.8천 ha까지 증가하였다가 2005년 37천 ha, 2015년 26천 ha까지 감소하였으나, 2017년에는 31천 ha로 소폭 증가하였다.

작형별 재배 동향을 보면 봄배추 재배면적은 2002년 14천 ha에서 2014년 8천 ha로 가장 많이 감소하였는데, 이는 품질이 우수한 월동 배추의 저장 기술이 발달되어 추대 등 재배 위험성이 높은 시설 봄배추 재배가 급격하게 감소하였기 때문이다.

고랭지 여름배추 재배면적은 2002년 8천 ha에서 2014년 5.1천 ha로 약 40% 감소하였다. 이는 기후 온난화로 재배 가능한 지역이 감소하였기 때문이며, 다른 작형보다 물과 약제 방제에 인건비가 많이 소요되어 재배면적이 감소한 것으로 판단되었다.

가을배추 재배면적은 2002년 11천 ha에서 2014년 15천 ha로 소폭 증가 또는 꾸준한 증가 추세를 보이고 있다. 이는 한국인의 기본 부식으로 김장 수요가 꾸준하기 때문이다.

겨울배추 재배면적은 2002년 6천 ha에서 2014년 3.7천 ha로 꾸준한 감소 추세를 보이고 있다. 이는 겨울배추 주산지인 전남 지역에서 배추보다 소득이 높거나 재배가 편한 마늘과 양파 등으로 작목 전환이 이루어졌기 때문이다.

생산량 및 소비량

배추의 생산량은 기후 여건과 재배면적 감소에 영향을 받아서 2000년 3,149천 t에서 2015년 2,060천 t으로 감소 추세를 보이고 있다. 배추 10a 당 생산량은 재배 기술 향상과 종자 개량 등으로 1990년대에는 6,256kg이었으나, 2000년대에는 176kg이 증가한 6,432kg이 되었다. 이후 배추 생산량은 기상 여건에 의해 좌우되는 경향을 보여 기상이변이 심했던 2012년에는 6,372kg으로 감소하였으나 기상 여건이 양호했던 2015년에는 7,170kg으로 증가하였다. 특히 노지배추의 생산량은 기상 여건에 따라 변동폭이 심하였다. 최근 기상이변 등의 영향으로 시설 내 재배가 주요 작형인 봄배추는 단수 변화가 크지 않으나, 고랭지 배추와 가을배추나 겨울배추 모두 2009년 이후 단수 변동성이 크게 증가하였다.

배추의 1인당 소비량은 김치 형태로 수입되는 배추를 감안하면 2000년 66kg에서 2014년 58kg으로 소폭 감소하였다. 이러한 현상은 식생활 서구화로 짜고 매운 식품을 꺼려하는 동향에 따라 꾸준할 것으로 예상된다.

배추의 생산 단수는 재배 기술의 향상과 우수 품종 개발 등의 결과로 2000년 6,079kg에서 2010년 6,300kg, 2011년 7,552kg으로 증가 추세를 보이고 있으나, 최근 기상이변으로 인하여 예상치 못하게 줄어드는 경우가 발생하고 있다. 특히 2012년의 경우 기상 여건이 열악하여 줄어든 단수가 6,372kg으로 추정된다.

작형별 생산동향

가. 봄 재배 작형

봄에 생산되는 배추를 '봄배추'라고 부른다. 봄배추 주산지는 남부 지방의 전남 나주·경남 하동·산청·김해·부산 등과 중부 지방의 경기 평택·김포 등, 충남 예산·서산·홍성 등 전국적으로 분포하고 있다.

봄배추는 비닐하우스 등의 시설을 이용하여 보온 재배를 한다. 따라서 봄배추는 시설을 이용하는 하우스 재배, 터널 재배 등과 봄노지 재배 등으로 구분한다. 봄배추는 3월 초순부터 경남 지방 하우스 재배가 출하되기 시작하며 4월 초에는 전남, 4월 하순에는 충남, 경기 지방 등으로 출하 지역이 확대되는데 통상 5월 중순이면 하우스 재배 출하는 종료된다. 하우스 재배에 이어 터널 재배 배추가 5월 중순~6월 초순에 출하되고, 6월 중순부터 7월 초순까지는 경기도 일원에서 노지 재배한 배추가 출하된다.

최근 봄배추의 지역별 재배면적을 살펴보면 전라남도·전라북도·경상남도의 순으로 넓으며, 재배면적은 겨울 재배 작형의 생산량에 의해 변동된다.

〈표 1-1〉 봄배추 지역별 재배 시기

지역	재배형	파종	정식	수확
남부 지방 (나주 등)	비닐하우스	11월 하~12월 상	1월 초~1월 중	3월 하~4월 하
	터널	12월 하~1월 상	2월 초~2월 중	5월 중~5월 하
중부 지방 (서산, 평택 등)	비닐하우스	1월 하~2월 상	3월 초~3월 중	5월 하~6월 하
	터널	2월 중~2월 중	3월 중~4월 상	6월 초~6월 하
	노지	3~4월	4~5월	6~7월 상

나. 여름 재배 작형

여름에 재배하여 수확하는 배추를 '여름배추'라고 한다. 여름배추의 재배는 주로 고랭지를 중심으로 이루어지므로 '고랭지 배추' 또는 '고랭지 여름배추'라고도 불린다.

우리나라 여름의 경우 저온성 작물인 배추의 생육적기가 아니므로 평지에서 재배할 경우 고온으로 인해 배추의 결구가 나빠진다. 또 강우량이 많으면 무름병이 심해지고 강우량이 적으면 바이러스 발생이 심하여 생산이 거의 불가능하므로 평지에 비해 비교적 서늘한 고랭지에서 재배한다. 고랭지의 높이에 따라 여름배추를 다시 해발 400~600m의 준고랭지 작형과 해발 600m 이상에서 재배하는 고랭지 작형으로 나눌 수 있다. 따라서 여름배추의 주산단지는 해발 400m 이상의 강원 태백, 정선, 평창 등지와 전북 장수, 경북의 고랭지 일부 지역에 한정되어 있다.

고랭지 배추의 출하는 봄배추 수확에 이어 7~9월에 이루어지며 재배 시기 및 재배 지역의 한계 때문에 단위면적당 생산량이 적고 출하가 불안정하여 가격의 등락이 심하다.

2012년도 기준 여름배추의 지역별 생산현황을 살펴보면 강원도가 5,017ha로 총 여름배추 재배면적의 91%를 차지하고 있으며 경상북도 및 충청북도의 고랭지에서 일부 재배가 이루어지고 있다. 기후 온난화 등으로 인하여 경상도 및 충청도 지역의 여름배추 재배면적은 급격하게 감소하였으며, 강원도 지역의 여름배추 재배면적도 감소하고 있는 추세이다.

다. 가을 재배 작형

여름인 8월 중순경에 파종하여 10월 말부터 수확하는 배추를 '가을배추'라고 부른다. 특히 11월 중순부터 12월 중순까지 김장철에 출하되는 가을배추를 '김장배추'라 한다.

가을배추는 충청도 충주, 제천, 아산, 서산, 당진 및 전라도 나주, 영암 등에서 대단위로 재배하고 있다. 가을은 배추가 가장 잘 자라는 기후이므로 이 시기에 생산되는 배추의 품질은 다른 작형에 비해 좋다.

2012년도 기준 가을배추의 재배면적은 전라남도 지역이 2,937ha로 전체 재배면적 13,408ha의 22%를 차지했고 경기도 1,873ha, 충청남도 1,767ha, 충청북도 1,580ha, 경상북도 1,517ha 순으로 재배면적이 전국에 고르게 분포하고 있다.

라. 겨울 재배 작형

겨울에도 온난하여 기온이 영하로 내려가는 기간이 짧은 우리나라 남부해안 지역 및 제주도 일부 지역에서 재배되는 작형이다. 9월 중순경 파종하여 12월부터 이듬해 2월 말까지 수확하는 배추를 '겨울배추'라고 부른다.

겨울배추는 전라남도 해안 지역에서 주로 재배된다. 추운 겨울 동안 다양한 양분이 축적되어 품질이 매우 우수하기 때문에 다양한 소비 계층을 확보하고 있으며, 생산되는 배추의 품질도 매우 우수하다.

2012년도 기준 겨울배추의 재배면적은 전라남도 지역이 4,578ha로 전체 4,832ha의 95%를 차지하고 있다.

〈표 1-2〉 배추 작형별 재배면적 및 생산량   (단위 : ha, 천 t)

구 분		1997	2000	2005	2010	2015
전체 면적		43,351	51,801	37,203	33,491	27,174
전체 생산량		2,702	3,149	2,325	2,050	2,135
봄	면적	18,312	20,405	14,364	9,801	6,156
	생산량	766	768	566	459	299
여름	면적	8,636	10,206	6,502	4,929	4,721
	생산량	340	1,617	254	136	150
가을	면적	13,418	16,413	11,001	13,540	12,724
	생산량	1,481	1,617	1,115	1,188	1,436
겨울	면적	2,985	4,777	5,336	5,221	3,573
	생산량	116	379	390	267	250

(자료 : 농업전망 2013)

02 소비동향

국내 가격동향

배추의 가격은 매년 작황에 따라 달라지나 대체로 봄배추와 준고랭지 배추 출하가 끝나는 시기인 8~9월 사이에 가격이 높다. 2000년 이후 연평균 배추 실질 도매가격은 국내 수급에 따라 등락이 있었으나, 2010년까지는 큰 상승 없이 보합세를 유지하였다. 그러나 2010년 이후 태풍, 폭염 등 이상기후 발생 빈도가 증가하면서 가격 변동성이 커짐에 따라 가격 수준도 높아졌다.

배추의 각 작형별 출하기 실질 도매가격은 배추 생산량 감소로 전반적인 상승세를 보이고 있다. 봄배추와 가을배추가 주로 출하되는 5~6월과 11~12월의 가격 상승 수준은 비교적 낮은 반면, 겨울배추와 고랭지 여름배추가 출하되는 1~3월과 7~10월의 가격 상승 수준은 상대적으로 높았다.

최근 이상기후와 주산단지의 연작 병해로 인해 작황이 불안정하여 겨울배추 출하 직후와 여름배추 출하 시기를 전후로 하여 예상치 못한 가격의 등락이 발생하고 있다.

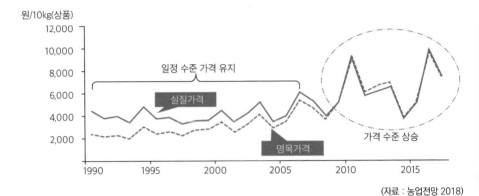

〈그림 1-1〉 배추 연도별 도매 및 실질가격 변화

* 주1) 도매가격은 서울시 농수산식품공사의 가락시장가격 상품 기준임.
  2) 실질가격은 도매가격을 생산자물가지수(2010=100, 한국은행)로 디플레이트하였으며, 상품 기준임

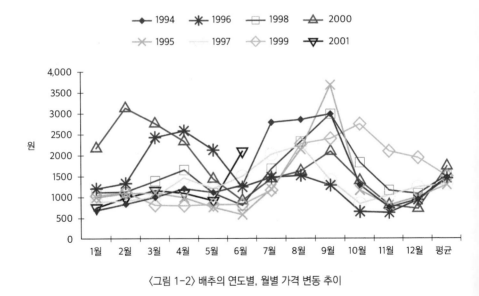

〈그림 1-2〉 배추의 연도별, 월별 가격 변동 추이

국내 소비동향

배추 1인당 소비량은 국내 김치 소비 감소로 2000년 66kg에서 2017년 53kg으로 연평균 1%씩 감소하였으며, 식생활 서구화 등의 영향으로 소비 감소 추세는 지속될 것으로 전망된다.

배추 수출입(김치 포함)을 포함한 국내 자급률은 2000년 이후 국내 생산량 감소와 김치 수입량 증가 등으로 2000년 100%에서 2016년 76%로 감소 추세이다. 2017년 자급률은 79% 내외로 기상악화로 생산량이 급감하였던 2016년보다는 3% 상승하였다.

김장을 직접 하는 가구의 2012년 배추 형태별 선호도는 신선배추가 58%로 절임배추의 42%보다 다소 높으나 절임배추의 선호도가 증가하는 추세이다. 절임배추를 사용한 경험이 있는 소비자 중 73%는 절임배추를 계속 사용할 것으로 응답하였다. 그 이유는 힘들고 번거로운 배추 절임 과정을 피할 수 있으며, 시간 절약이 가능하기 때문으로 나타났다. 한편 절임배추 구매 경험 소비자의 27%는 편리성보다는 식품 안전성과 높은 가격을 이유로 신선배추를 구매하겠다고 응답했다.

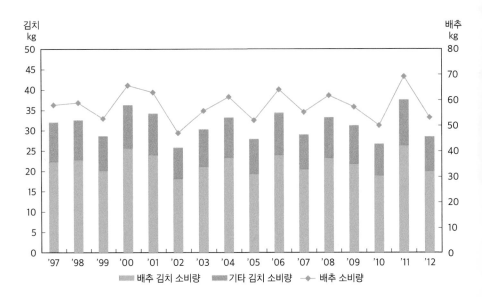

(자료 : 농업전망 2013)

〈그림 1-3〉 1인당 배추 및 김치 소비동향

* 배추 소비량=[(신선배추 추정 생산량)+(김치 신선배추 환산 수입량)-(김치 신선배추 환산 수출량)]/인구수
* 배추김치 소비량=[(추정된 김치용 배추 공급량에 수율 적용 환산 김치 물량)+(김치 수입량)-(김치 수출량)]
  인구수

03 유통

유통경로

배추의 주 유통경로는 생산자 → 수집상 → 도매상 → 소매상 → 소비자의 4단계로 이루어진다. 산지조합의 활동이 활발한 곳은 일반적으로 출하지도, 시장정보 제공 및 계통 출하 유도 등 유통에 관련한 모든 작업을 산지조합이 수행해 주지만 대부분 산지조합의 역할은 아직까지 미미한 편이며, 포전거래로 수집상을 통해 출하되는 것이 일반적이다.

작형별 유통실태

가. 봄배추

봄배추의 서울 지역 반입량 중 가락동 도매시장이 차지하는 비중은 60~70%이다. 나머지는 구리, 영등포, 청량리 등의 유사 도매시장으로 반입되는 것으로 추정된다. 배추를 생산한 농민이 판매하는 경로는 수집상을 통하는 것이 90~94%, 산지조합을 통한 출하(계약 재배 및 수탁판매)가 3~8%, 도매시장에 직접 출하하는 2~3%이다. 도매시장에 반입된 물량은 중도매인(도매상)을 거쳐 트럭행상, 채소전문 소매상, 대형 유통업체 등 소매상으로 40% 정도 분산된다. 또 지방상인이나 타 시장도매상인에게 40% 정도, 병원·호텔·기숙사·기업체의 식자재 및 김치공장 등 대량수요처에 20% 정도 공급된다.

나주 → 서울(2000. 5)   (단위 : %)

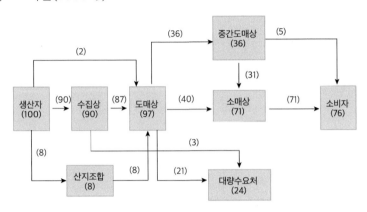

〈그림 1-4〉 봄배추의 유통 경로

나. 여름배추

고랭지 여름배추의 서울 지역 반입량 중 가락동 도매시장이 차지하는 비중
은 60~70%이다. 나머지는 구리, 영등포, 청량리 등 유사 도매시장으로 반입되
는 것으로 추정된다. 도매시장에 반입된 물량은 경매와 중도매인(도매상)을 거
쳐 트럭행상, 채소전문 소매상, 유통업체 등의 소매상인에게 50% 정도, 지방상
인이나 시장 내 직판시장 상인 등 중간상인에게 40% 정도 공급된다. 그리고 김
치공장, 기업체의 식자재, 군납업체, 병원, 호텔, 기숙사 등 대량수요처에 10%
정도 공급된다. 또한 여름배추의 경우 수집상과의 포전거래가 75~86%이며, 산
지조합과의 계약 재배 및 조합을 통한 계통 출하가 9~22%, 농가 직접 출하가
2~5%를 차지한다.

평창 → 서울(2000. 8)   (단위 : %)

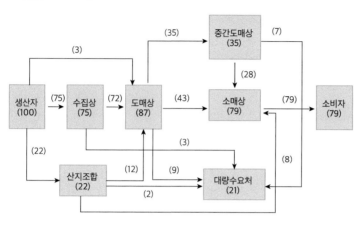

〈그림 1-5〉 고랭지 여름배추의 유통 경로

다. 가을배추

가을배추는 산지수집상이 포전으로 사들인 배추를 수확과 동시에 대부분 도매시장에 출하하는데 서울로 70~80%, 부산·대구·대전·수원·인천 등 기타 도시에 20~30% 출하하는 것으로 추정된다. 또한 가을배추의 판매처(유통경로별) 비중은 수집상이 96%, 산지조합(농협)을 통한 계통 출하가 1~3%, 농민 직접 출하가 1~2%로 추정된다.

당진 → 서울(2000. 12)   (단위 : %)

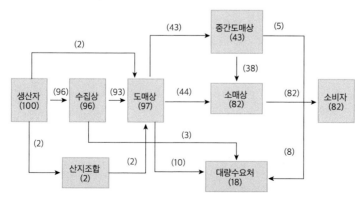

〈그림 1-6〉 가을배추의 유통 경로

배추

제2장

배추 재배

01 배추의 일반 특성

생리적 특성

배추는 13℃ 이하의 낮은 온도에서 일정 기간을 지내면 꽃눈이 생긴다. 꽃눈이 생긴 후 온도가 높거나 해가 비치는 기간이 늘어나면 장다리가 올라와 꽃을 피운다.

배추의 꽃눈은 종자가 물을 흡수하여 싹트기 시작할 때부터 낮은 온도에 처하면 언제라도 만들어지는 종자춘화형으로, 동일하게 낮은 온도조건이라도 품종이 지닌 특성에 따라 효과가 다르게 나타난다. 고위도(북부) 지방에서 자란 품종은 낮은 온도에 무디고, 저위도(남부) 지방에서 자란 품종은 낮은 온도에 예민하여 약간의 낮은 온도에서도 곧 반응해 꽃눈이 생긴 후에 꽃대가 나타난다.

일반적으로 꽃눈이 분화되는 온도는 0~13℃이며 특히 2~5℃는 저온감응에 가장 좋은 온도이다. 파종 후 생육이 진전될수록 저온에 민감하게 되는데 저온감응이 가능한 범위 내에서는 저온일수록 꽃눈분화가 빠르다. 꽃눈분화에 필요한 온도와 기간은 품종에 따라 다르다. 남방형의 권심에서는 온도에 민감해 비교적 높은 온도에서 꽃눈이 분화하고, 춘파용 품종은 저온요구성이 커서 상당한 저온이 아니면 꽃눈이 분화되지 않는다. 꽃눈분화에 필요한 저온감응 기간은 보통 10~30일 이상이지만, 봄배추는 꽃눈분화를 위해 더 많은 일수가 필요하기도 하다.

형태적 특성

배추의 잎차례는 2/5이고 나선형으로 착생된다. 줄기는 단축되어 로제트 모양이며 꽃은 담황색의 십자화로서 복총상화서로 구성되어 있다. 꽃에는 6개의 수술과 1개의 암술이 있다.

뿌리는 굵은 원뿌리와 다수의 곁뿌리 및 뿌리털로 구성되며, 깊이 1m에 폭 3m까지 뻗기도 한다.

배추의 형태는 속이 차는 것에 따라 결구장원형, 반결구장원형, 결구원추형, 반결구원추형, 결구타원형, 반결구타원형, 결구구형, 불구결형으로 나누어진다. 현재는 주로 속이 꽉 차는 품종이 재배되고 있으며 반 정도 차는 품종은 일부 재배될 뿐이고 결구가 되지 않는 품종은 거의 재배되지 않는다.

배추는 결구되는 모양에 따라 크게 두 가지로 나누어지는데 결구 시 잎은 중앙에 모이지만 잎끝이 서로 포개지지 않는 포합형과 잎끝이 서로 포개져 양배추처럼 결구하는 포피형이 있다. 포합형은 주로 중륵이 얇고 수분 함량이 적고 잎수가 많으며 잎면에 털이 많은 것이 대부분으로 '엽수형'이라 부른다. 주로 북부 지방의 비교적 서늘한 지방에서 재배된다. 포피형은 중륵이 두텁고 수분이 많고 잎이 연하고 잎수가 적으며 무게가 많이 나가므로 '엽중형'으로 부른다. 주로 온화한 날씨를 가진 남부지방에서 재배되는 것이 많다.

일조가 충분하고 영양상태가 좋으면 식물호르몬 중 옥신(Auxin)이 배추 내에서 생성되고 이 옥신이 잎의 뒤쪽으로 이동해서 세포를 신장시킨다. 그 결과 잎의 뒤쪽이 표면보다 세포가 크게 발육하므로 잎은 서게 되고 결구상태가 된다.

성분 및 양분

배추는 100g당 14kcal밖에 열량을 내지 못하므로 에너지원으로서 가치가 적지만 섬유질이 풍부하고 비타민 A가 255I.U. 들어 있고 비타민 C가 28mg 들어 있다. 이들은 특히 녹색 잎 부위에 많으므로 녹색을 가능한 한 제거하지 말아야 한다. 또한 칼슘이 70mg 들어 있고 인이 63mg 들어 있어서 무기질 공급원으로도 중요하다. 배추의 주요성분은 수분 94.7%, 당질 2.6%, 섬유소 0.7%, 단백질 1.3%로서 배추의 조단백질은 그 절반 이상이 비단백태이다. 순단백질은 아미노산 조성으로 보아 우수한 편이나 그 함량이 매우 적다. 배추의 비타민 C 함량은 64.6mg이며, 속잎보다 성숙한 겉잎에 많아 김치로 담가도 별로 손실되지 않는다. 그러나 데치면 비타민 C의 약 절반이 소실된다. 최근에는 비타민 A가 풍부한 노란색 계통이 육종되고 있다. 무기질 중에서는 칼슘이 가장 많으며 칼륨, 염소, 나트륨도 들어 있다. 배추에는 1,572ppm의 질산염이 축적되어 있는데, 줄기가 잎보다 2.5배나 높았다. 배추의 조섬유 함량은 0.5%(건량기준 9.4%)이고, 총 식이섬유 함량은 1.2%(22.0%)였으며 가용성 식이섬유와 불용성 식이섬유의 비율은 1:2였다.

배추에서 고소한 맛이 나는 것은 시스틴이라는 아미노산과 환원당 때문으로 알려져 있다. 배추에 함유된 비타민 A의 전구체인 카로틴은 항암작용을 하고 비타민 C는 감기 예방과 치료, 질병 회복 효과, 중풍, 관절염, 위궤양, 십이지장 궤양 등에 효과가 있으며 납, 비소, 벤젠 등 중독현상을 치료하는 데 이용된다.

〈표 2-1〉 배추의 영양성분 (가식 부위 100g당)

열량 (kcal)	수분 (g)	단백질(g)	지질 (g)	탄수화물 (g)		회분 (g)	무기양분 (mg)				비타민 (mg)			비타민 A(I.U.)
				당질	섬유		Ca	Na	P	Fe	B1	B2	C	
14	94.7	1.1	0.1	1.9	0.4	0.6	70	5	63	0.4	0.04	0.04	28	255

02 배추의 재배환경

온도

배추는 서늘한 기후를 좋아하는 호냉성 채소로 성장에 적합한 온도는 18~20℃ 이다. 결구하는 데는 이보다 약간 낮은 온도인 15~18℃가 적당하며 가장 낮은 온도 는 4~5℃ 정도이다. 생육 초기에는 비교적 높은 온도에서 잘 자라며 생장이 촉진되 지만 결구를 시작하면 고온에 약해져 결구가 불량하며 정상적인 생육이 불가능해 진다.

배추는 비교적 추위에는 강한 편이기 때문에 동해를 입는 온도가 -8℃ 정도이지 만 갑자기 온도가 낮아지면 -3℃ 정도에서도 피해를 입을 수 있다. 한편 배추는 종 자춘화형 식물로 종자가 물을 흡수하면 13℃ 이하의 저온에 감응하여 꽃눈을 만들 고 고온에서는 장다리가 올라와 추대하는데, 재배 시 개화하면 잎의 생장을 거의 멈 추고 종자를 맺는 데 대부분의 양분이 가게 되므로 정상적인 배추를 수확할 수 없게 된다. 따라서 일반 재배에서는 재배 시 저온에 처해지지 않도록 관리하며 만약 저온 에 일정 기간 노출된 경우는 고온과 접하면 추대될 수 있으므로 고온에 노출되지 않 도록 관리한다.

광

광에 대한 반응은 잎의 나이에 따라 변하는데 어린 잎이나 오래된 잎은 광 에 대한 반응이 둔하고 성숙한 잎에서는 반응이 민감하다. 배추는 강한 햇빛 아래에서 광합성량이 증가하고 생육에 필요한 물질의 생성도 촉진한다. 특히 생육 초기 약광에서는 식물체가 연약하고 웃자라므로 광을 충분히 받을 수 있도록 한다. 그러나 결구가 시작되면 약광에서 결구가 촉진되며 겉잎이 적어지므로 결구기에는 강한 광보다는 약한 광이 유리하다. 잎이 곧추서서 결구되는 데 필요한 해 비치는 시간은 8시간 정도이다.

배추의 동화작용에 필요한 광보상점은 1.5~2.0klux, 광포화점은 40klux로 비교적 약광에 잘 견딘다.

수분

배추의 구성성분은 대부분이 수분이며 짧은 기간에 왕성하게 발육하므로 비교적 많은 수분을 필요로 한다. 배추는 건조에 약하여 생육 초기에 가물면 잎 발생과 생육이 억제되어 수량이 급격히 감소하게 된다.

배추가 가장 잘 자라는 시기에는 하루에 10a당 200kg 이상의 무게가 증가하는데 수분을 가장 많이 요구하는 시기는 파종 후 40~50일경인 결구 초기이다. 또한 지나치게 과습하면 뿌리가 뻗지 못하고 생육이 불량하게 되므로 보수력이 있으면서 배수도 잘되는 토양을 선택한다. 우리나라의 배추 생육 초기인 8~9월에는 가뭄이 계속되는 해가 많으므로 이럴 경우는 관수하여 적절히 물 관리를 한다.

토양

배추는 뿌리를 길게 뻗고 잔뿌리가 많아 토심이 깊으면서 물 빠짐이 잘되는 토양을 좋아한다. 따라서 우리나라의 배추 주산단지는 보수력이 좋으면서 배수도 잘되는 충적토가 대부분으로 토층이 깊은 사질양토 지대이다. 충적토에서는 배추의 생육이 왕성하여 고품질의 배추를 재배할 수 있는 반면 사질토양의 경우 초기의 생육은 빠르나 후기생육이 불량하여 잎이 누렇게 되는 현상이 빨리 온다. 이와 반대로 점질토양에서는 생육은 늦지만 잎이 누렇게 되거나 잎이 떨어지는 것이 늦고 오랫동안 녹색을 유지한다.

배추 재배에 적합한 토양산도는 pH 6.0~6.5로 약한 산성이 좋으나 산성토양에서는 뿌리혹병 및 석회 결핍증이 발생할 수 있다.

03 재배

품종 및 종자 선택 요령

배추의 품종육성은 1960년대 이래 현재까지 계속되어 2001년 7월까지 품종으로 등록된 배추가 438개에 이른다. 많은 품종 중 재배할 품종을 고르기는 쉽지 않으나 품종을 고르는 것이 고품질의 배추를 생산하는 기초가 되므로 좋은 품종 고르기에 많은 주의를 기울여야 한다.

그렇다면 좋은 품종이란 무엇인가? 우선 재배할 시기나 재배 지역의 환경, 출하할 시장의 기호성에 맞는 것이 좋은 품종이다. 각 종묘회사에서는 자사 품종에 대한 장점을 부각하여 홍보·판매하는 경우가 대부분이므로 품종 선택에 있어 결정하기 곤란한 경우가 많다. 그러나 완벽한 품종은 없으므로 어떤 품종이든 재배 시 주의해야 할 사항이 있으니 반드시 유의 사항을 꼼꼼히 살펴보고 품종을 선택하는 것이 중요하다. 특히 우수한 품종일수록 재배에는 노하우가 필요한 법으로 섣불리 새로운 품종을 대규모로 재배하는 것은 아주 위험한 일이다. 따라서 새로운 품종을 선택하여 재배하기 전에 반드시 재배할 토양에 적합한지, 기존의 재배방법에서 개선해야 할 사항이 있는지 등 품종의 특성을 파악하는 것이 중요하다. 품종 특성을 파악할 수 있는 또 다른 방법은 자신과 유사한 영농환경을 가진 농가의 경험을 고려하거나 공신력 있는 정보를 수집하는 것이다. 그러나 가장 좋은 것은 본인이 소면적 재배시험을 한 후 재배에 자신이 생기면 새로운 품종으로 전환하는 것으로 시험재배를 하면 새로운 품종 재배 시 나타날 수 있는 여러 문제점을 줄일 수 있다.

품종

가. 품종의 분화

배추의 품종은 결구성을 기준으로 결구형과 불결구형으로 나누고 결구형은 다시 밑둥 부분만 결구하는 반결구형과 완전히 결구하는 결구형으로 나누어진다.

결구형 배추는 중국을 기준으로 화북계(華北系)와 화남계(華南系)로 나누어진다. 화북계는 산동성에서 성립되어 지부(芝罘)와 포두련(包頭連) 등으로 분화되었고 화남계는 화남을 중심으로 발달하였고 복건성과 대만에서 권심(捲心)과 포심(包心) 등으로 분화하였다. 화북계 배추와 화남계 배추의 관계에 대해서는 분명하지 않으나 화북계 배추가 화남에서 재배하게 됨으로써 그 기후 풍토에 적응하여 화남계 배추가 분화된 것으로 추정한다.

우리나라의 경우 오래 전부터 조선배추와 개성배추 등 반결구종이 널리 이용되었는데 개량된 결구배추가 도입된 후 결구배추의 재배면적이 급속히 늘어나면서 현재는 재래종 배추를 거의 찾아볼 수 없게 되었다.

나. 국내 주요 품종 특성

우리나라 시판 품종은 종묘회사에서 육성하여 보급하고 있으며 대부분 1대 잡종 품종으로 1년에 작형별 1~2품종씩 새로운 품종이 육성되고 있다.

현재 시판되는 품종명을 보면 대부분 어떤 특성을 지니고 있고 어떤 품종을 선호하는지 알 수 있다. 예를 들면 최근 속잎이 노란 품종을 선호함에 따라 노랑, 황, 금 등의 단어가 붙은 품종은 속잎이 노란 품종을 말한다. 또 CR이라는 단어가 붙으면 현재 문제가 되고 있는 뿌리혹병에 저항성을 가지는 품종을 말한다. 또한 노지 월동 재배 품종은 풍, 동 등 겨울을 상징하는 단어가 들어있는 경우가 많다.

상토 준비

품질 좋은 배추를 기르기 위해서는 튼튼한 모를 기르는 것이 가장 중요한데 모 기르기를 위한 기본이 되는 것이 상토이다.

가. 모 기르기를 할 상토의 조건

(1) 유기질이 풍부하여 비옥한 것이 좋다. 병원균에 오염되지 않은 것이어야하므로 밭흙이나 논흙보다 오염되었을 가능성이 적은 산흙을 이용한다.

(2) 미숙퇴비를 사용하면 모를 기르는 중에 가스장해나 생리장해가 발생할 수 있으므로 반드시 완숙된 퇴비를 사용하고 질소질 비료의 과다 사용을 자제한다.

(3) 상토가 지나치게 점질일 경우 뿌리의 발육이 나쁘고 사질일 경우 상토가 부서질 가능성이 높아 활착이 늦어지므로 사질양토를 이용하는 것이 좋다. 상토를 만든 후에는 상토의 이상 유무를 확인하기 위해 미리 조금 파종해 본 후 이상이 없을 시 사용하는 것이 안전하다.

나. 상토 만들기

(1) 정상적인 상토 만들기

상토는 적어도 사용하기 6개월 전에 만드는 것이 좋다. 상토를 만들 때 들어가는 재료는 병균이 없는 산흙, 논흙, 가는 모래 또는 잘 마른 밭흙 그리고 볏짚, 보리짚 또는 땅콩껍질 등과 같은 유기물, 유안 750g/m², 용과린 5kg/m², 염화칼륨 300g/m², 물 30L/m² 등이다.

우선 깨끗한 장소를 선택하여 흙을 폭 2m, 길이는 적당히 하여 15cm 두께로 쌓고 난 다음 용과린을 총량의 1/5 정도 균일하게 뿌린 후 볏짚이나 보리짚 등의 유기물을 30cm 정도 쌓는다. 그 후 물을 총량의 1/5 정도 골고루 뿌리고 난 후에 유안과 염화칼륨을 역시 총량의 1/5 정도 뿌리며 그 위에 다시 흙은 15cm 정도 쌓는다. 이러한 순서를 반복하여 1.5m까지 쌓아 다진 다음 비닐로 덮어 비를 맞지 않게 함과 동시에 내부의 습도를 유지시킨다.

제1차 뒤적거림은 쌓은 후 45~60일에 삽이나 쇠스랑을 이용하여 수직으로 자르되 외부의 유기물이 내부로 들어가도록 한다. 그 후 다시 30~45일마다 반복하여 뒤적거린다.

(2) 속성 상토 만들기

정상적인 상토 만드는 시기를 놓쳤을 경우, 파종 1주 전 잘 썩은 퇴비와 20~30cm 깊이의 병 없는 흙을 2:1의 비율로 혼합한 후 섞은 흙 1L당 요소 0.4g, 용과린 0.9g, 염화칼륨 0.4g의 비율로 잘 섞어 속성 상토를 만들면 된다. 만약 상토를 만들지 못했을 때는 나쁜 모판흙을 사용하지 말고 시판 원예용 상토를 이용하는 것이 안전하다.

속성 상토가 정상적인 상토에 비해 나쁜 점은 상토에 양분 흡착이 완전하게 이루어지지 않고, 토양 물리성이 불량하며 산도 교정이 안전하게 되지 않으며, 상토 소독이 되지 않아 토양전염병균 존재 가능성이 있다는 점 등이 있다.

다. 상토 소독

상토를 만든 후 소독하는 방법은 열을 이용하는 소토법, 화학약품을 이용하는 약물소독, 뜨거운 수증기를 이용하는 증기소독 등이 있다. 소토법은 70℃에서 10분간 소독하는 것이며, 약물소독을 사용할 때는 싸이론을 이용하여 파종 30일 전 소독한다.

싸이론 소독방법은 잘 만든 상토를 30cm 두께로 쌓은 다음 30cm 사방마다 1개소씩 싸이론 원액을 주입기로 땅속 15~20cm 깊이에 3~4mL씩 넣고 바로 구멍을 덮은 후 비닐로 덮는 것이다. 상토 1m²당 약량은 150~200mL가 필요하고 소독 시 기온이 11℃ 이상일 때 효과적이다. 비닐을 덮은 상태로 5일 이상 훈증 소독한 후 비닐을 벗기고 7일 이상 방치하여 상토 내 가스를 빼내고 다시 소독한 상토를 갈아엎어서 가스를 빼낸다. 온도가 낮을 때는 약 4주 지나야 가스가 완전히 빠지며, 가스가 완전히 빠진 후 파종해야 피해가 없다.

개별적으로 상토를 만들 때는 상토를 소독하기 어려우므로 공동으로 상토를 만들어 공동소독하는 것이 유리하다.

씨 뿌리기(파종, 播種)

씨 뿌리고 키우는 방법에 따라 크게 직파 재배와 육묘이식 재배로 크게 나눌 수 있다.

○ 직파 재배는 깊이 6~8mm에 씨를 뿌리며 재식거리는 조생종의 경우 60×35cm, 만생종은 65×40cm가 적당하다. 솎음은 본엽이 5~6매가 될 때까지 2~3회 정도 실시한다.

○ 연상육묘, 포트육묘, 플러그 상자 등 여러 가지 규격의 육묘 상자가 시판되고 있으나 최근에는 플러그 상자가 포트나 연상보다 상자가 가볍고 운반이 용이하여 많이 이용되고 있다.

○ 플러그 상자에 씨뿌리기

플러그 상자는 상자당 50개의 모를 기를 수 있는 50공부터 288개의 모를 기를 수 있는 288공까지 다양하게 시판되고 있다. 상자의 크기는 50공이나 288공이 거의 비슷하며 파종할 수 있는 구의 크기는 숫자가 높을수록 작아지게 된다. 따라서 모 기르는 기간이 짧은 것은 구 숫자가 많은 플러그 상자를 이용하고 모 기르는 기간이 긴 것은 구 숫자가 적은 플러그 상자를 이용한다.

배추의 플러그 육묘에서는 보통 128~288구의 육묘 상자를 이용한다. 육묘 상자는 반드시 밑에 배수구가 있는 것을 사용하여야 하는데 배수구가 없으면 상토 내 수분량이 달라져 모의 생육이 불균일해지고 상토가 쉽게 과습해지기 때문이다. 상토의 과습 상태가 오래 유지되면 뿌리의 발육이 불량해지며 상대적으로 지상부의 발육도 나빠진다.

육묘 상자의 크기도 생육에 많은 영향을 미치는데, 구가 크면 모 기르는 일수나 시비량 등이 같은 조건에서도 모의 크기가 커진다. 상토는 반드시 비토양 경량상토를 이용하여야 한다. 경량상토는 공극량이 커서 뿌리의 발육이 우수해지므로 양수분의 흡수가 좋아진다.

복토는 너무 깊거나 얇지 않게 하는데 종자 두께의 2~3배가 적당하다. 만약 너무 깊으면 썩거나 발아가 늦어지고, 얇으면 뿌리가 상토 속으로 뻗지 못하여 말라 죽는다. 파종은 파종구당 2~3립 정도하고 본엽이 2~3매가 될 때까지 2회 정도 솎는다. 파종 후 2~3일이 지나면 발아가 완료되는데 발아율은 보통 95%가 넘으므로 따로 보식할 필요는 없다.

모 기르기(육묘, 育苗)

가. 작형별 모 기르기

(1) 봄 및 촉성 재배

씨 뿌리기 및 모 기르는 기간이 저온기이므로 저온에 감응하지 않도록 온상육묘를 한다. 온상의 온도는 15~20℃로 유지하고 햇빛이 잘 들게 하며 환기를 철저히 하여 모의 웃자람을 막는다. 또한 정식 2~3일 전에는 온도를 낮추어 순화시킨 후 정식해야 활착이 빠르다.

(2) 여름 및 가을 재배

씨 뿌리기 및 모 기르는 기간이 다소 고온이므로 온도 상승에 주의를 기울여야 하며 진딧물, 좀나방, 파방나방, 벼룩잎벌레 등 벌레에 의한 피해를 막는 것이 가장 중요하다. 또한 벌레에 의한 바이러스병과 노균병 등의 전염을 막기 위해 한랭사나 망으로 피복하고 4~5일 간격으로 살충제를 살포한다. 정식 2~3일 전에 포트의 자리를 옮겨주면 뿌리가 절단되어 정식 시 잔뿌리의 발달을 도와 활착이 좋아진다. 모 기르는 기간은 시기에 따라 차이가 있으나 보통 20~25일이다.

〈그림 2-1〉 배추 모 기르기

나. 모 기를 때 거름주기

　모 기를 때의 시비는 어떤 종류의 상토를 쓰느냐에 따라 달라지게 되는데 보통 농가에서 직접 모를 기를 때는 비료가 첨가된 상토를 쓴다. 상토에는 대개 모 기르기가 끝날 때까지 필요한 비료량이 첨가되어 있다. 그러나 상토 종류마다 비료의 함량이 다르기 때문에 어떤 상토는 모 기르기가 끝나기 전에 비료가 부족하게 되는 경우가 종종 생긴다. 또한 비료가 충분한 상토라도 용기의 크기가 작으면 그만큼 필요한 비료량이 줄어들어 빨리 비료가 떨어지게 된다. 농가에 따라 관수를 많이 하게 되는 경우 상토에 들어 있는 비료가 쉽게 물과 함께 빠져 나가버리므로 관수량은 포트 구멍에서 물이 흐르지 않을 정도가 적당하다. 요소 0.1%액을 만들어 2~3일 간격으로 시비하면 무난하게 생육할 수 있다. 비료가 첨가되지 않은 상토를 이용할 경우 EC 1.2dS/m 정도의 완전 액비를 육묘 초기에는 3~4일 간격으로, 육묘 후기에는 1~2일 간격으로 살수·관수하여 준다.

밭 준비

　아주심기를 할 밭은 밑거름을 전면에 살포한 다음 곱게 로터리친 후 이랑을 만든다. 특히 하우스 재배의 경우에는 정식 20일 전에 하우스에 비닐을 씌워 낮 동안 햇빛을 이용하여 얼어붙은 땅을 녹여 주어야 한다. 시설을 이용하는 하우스나 터널 재배 시에는 밑거름으로 준 요소나 미숙퇴비에서 발생한 가스피해가 생길 수 있으므로 완숙퇴비나 유안을 사용한다. 또한 정식 1주일 전에는 밭 준비를 완료하고 터널 재배의 경우 비닐을 먼저 씌워 가스 발산을 촉진시킨 후 환기하여 가스를 완전히 방출시킨 다음 정식하도록 한다.

아주심기(정식, 定植)

정식할 모의 크기는 재배 시기에 따라서 크게 차이가 있다. 하우스나 터널 등 시설 재배에서는 본엽이 6~7매, 봄과 고랭지 재배에서는 본엽이 5~6매, 가을 재배에는 본엽이 3~4매 전개하였을 때가 적당하다.

심는 거리는 숙기에 따라 차이가 있어 조생종 60×35cm, 중생종 60×45cm, 만생종 65×45cm 정도로 심어야 한다. 하우스 및 터널 재배 시 정식기가 비교적 저온기이므로 정식은 가능한 한 맑은 날 오전에 하며, 여름 및 가을 재배에서는 고온기에 정식을 하므로 흐린 날 오후에 정식하는 것이 모의 활착에 좋다.

정식 후에는 물을 충분히 주어야 활착이 빠르고, 하우스나 터널 재배 등 저온기에 정식을 할 경우 미리 3~4일 전에 비닐을 씌워 지온을 높여준 후 정식한다. 특히 터널 재배의 경우 터널 내의 관수가 어려우므로 터널 내에 점적관수나 분수호스를 설치하면 효과적이다.

거름주기

배추는 초기 생육이 왕성해야 결구가 좋으므로 밑거름에 중점을 두어 퇴비, 닭똥 등의 유기질 비료를 충분히 시용해야 한다.

밑거름의 양은 작형, 토성, 토양의 비옥도, 품종의 비료 요구도, 생육 시기, 배추의 영양상태에 따라 차이가 있으나 보통 10a당 퇴비 3,000kg, 질소 20~26kg, 인산 12~20kg, 칼리 20~30kg이다. 또한 결구가 시작되는 시기에는 비료 요구도가 가장 높으므로 이 시기에 덧거름을 15일 간격으로 3~4회 시용하는데, 중경과 제초를 겸하여 밭 표면을 긁어 주면 비료가 땅속에 묻히게 되어 효과적이다. 3요소 이외에 석회나 붕소 결핍증이 흔히 나타나므로 10a당 석회 80~120kg, 붕사 1~1.5kg을 밑거름으로 시용한다.

작형별 시비량의 예는 〈표 2-2〉~〈표 2-5〉와 같으며 토성이 모래땅인 경우 진땅에 비해 비료분의 유실이 많으므로 웃거름에 유의하여야 한다. 토양이 비옥하면 비료량을 줄이고 척박하면 웃거름량을 늘리거나 엽면시비를 한다. 특히 여름철에 장마나 태풍 등에 의하여 비료 유실이 많을 경우에는 비 온 후 반드시 웃거름을 준다. 또한 비료요구도가 많은 품종은 생육 후기까지 비료분이 부족하지 않도록 웃거름을 준다.

〈표 2-2〉하우스 및 터널 봄배추 시비 예   (kg/10a)

비료명	총량	밑거름양	웃거름양		
			1회	2회	3회
유안	144	51	27	33	33
염화칼륨	45	18	6	15	6
용성인비	100	100	-	-	-
소석회	90	90	-	-	-
붕사	1.5	1.5	-	-	-
추비 시기	-	-	정식 후 15일	정식 후 30일	정식 후 45일

〈표 2-3〉여름배추 시비 예   (kg/10a)

비료명	총량	밑거름양	웃거름양		
			1회	2회	3회
요소	42	10	8	15	9
염화칼륨	45	15	5	15	10
용성인비	100	100	-	-	-
소석회	90	90	-	-	-
붕사	1.5	1.5	-	-	-
추비 시기	-	-	정식 후 15일	정식 후 30일	정식 후 45일

〈표 2-4〉가을배추 시비 예   (kg/10a)

비료명	총량	밑거름양	웃거름양			
			1회	2회	3회	4회
요소	65	30	7	8	12	8
염화칼륨	45	23	-	7	8	7
용성인비	100	100	-	-	-	-
소석회	100	100	-	-	-	-
붕사	1.5	1.5	-	-	-	-
추비 시기	-	-	정식 후 15일	정식 후 30일	정식 후 45일	정식 후 60일

〈표 2-5〉 노지 월동배추 시비 예 (kg/10a)

비료명	총량	밑거름양	웃거름양			
			1회	2회	3회	4회
요소	70	30	6	10	13	11
염화칼륨	45	23	-	7	8	7
용성인비	100	100	-	-	-	-
소석회	100	100	-	-	-	-
붕사	1.5	1.5	-	-	-	-
추비 시기	-	-	정식 후 15일	정식 후 30일	정식 후 45일	정식 후 60일

물 관리

식물체의 수분 흡수는 토양에 있는 물을 뿌리를 통하여 흡수하는 것이 보통이나 대기 중의 습도가 아주 높을 때는 잎을 통해서 물을 흡수하기도 한다. 뿌리에서 흡수된 물은 줄기를 통하여 잎으로 상승해 수분을 공급하며 식물체 내에 흡수된 양분의 대사 작용에 관여하기도 하고, 광합성에 직접 관여하여 작물이 정상적으로 생육하게 한다.

배추는 성분의 90~95%가 수분으로 구성되어 있으며, 다량의 수분을 요구하는 작물로 배추의 생육 초기(정식 후 14일까지)와 최대 생장 속도 구간(정식 후 15~25일까지) 및 결구태세기(정식 후 25~30일까지)에는 각각 하루 동안 10a당 125·194·197kg의 물을 흡수한다. 결구가 시작되는 때는 배추 재배 기간 중 가장 많은 수분을 필요로 하여 하루에 10a당 200kg 이상의 물을 흡수하므로 밭에 물을 충분히 주어야 한다.

토양이 건조하면 석회 결핍증 등 생리장해의 발생이 심해지고 구가 작아지며, 너무 습하면 무름병 및 뿌리 마름병의 발생이 심해지고 배추의 중륵이 두꺼워져 상품성이 저하된다. 특히 수확기 때 과습하면 밑둥썩음병 발생이 심해진다. 또한 품종에 따라 수분 요구도가 다르므로 품종의 특성을 잘 파악하고 재배한다.

수확

　배추의 수확기는 품종, 환경, 영양상태 등에 따라 달라질 수 있으나 일반적으로 수확기가 극도로 늦어지면 배추의 중륵이 두꺼워지며 겉잎이 누렇게 황화되는 등 품질이 떨어져 상품성이 저하된다. 작형별로 수확 시 유의할 사항은 다음과 같다. 하우스나 터널 재배의 경우 수확기가 늦으면 저온기에 생긴 꽃눈이 온도가 올라감에 따라 추대할 수 있는 가능성이 높아진다. 봄노지 및 고랭지 재배에서는 무름병과 노균병의 발생이 심해지고 가을배추는 추위에 의한 동해를 받을 우려가 있다. 노지 월동 재배에서는 추대, 석회 결핍증 및 무름병이 발생할 가능성이 높아지므로 가능한 적기에 수확하도록 한다.

　가을배추나 노지 월동배추의 경우 기온이 -3℃ 정도 내려가면 겉잎이 얼기 시작하는데 한번 얼었던 잎은 그 끝이 말라 죽고 줄기 세포가 파괴되어 김치를 담근 후 껍질이 벗겨지는 등 품질을 크게 손상시킨다. 따라서 될 수 있는 한 한번 얼었던 것은 바로 수확하지 말고 그대로 밭에 두어 기온상승을 기다려 회복된 다음에 수확한다.

　그러나 최근에 많이 재배되고 있는 속잎이 노란 품종의 경우 수확기가 늦어지면 중륵이 두꺼워져 잎의 노란 색이 연해지거나 흰색으로 변하여 상품성이 낮아질 수 있으므로 속이 노란 품종은 적기에 수확한다.

출하

　작형이나 출하시기별로 시장가격의 변화가 심하므로 시장가격 정보를 수집하여 출하시기를 조절하는 것이 중요하다. 또한 지역별로 기호성에 차이가 있어 품종별로 가격의 변화가 심하므로 출하시장을 잘 선정해야 한다.

〈그림 2-2〉 상자를 이용한 수확 및 출하

저장

최근 작형의 발달로 저장하지 않아도 연중 싱싱한 배추를 먹을 수 있지만, 봄배추의 경우 가을배추나 노지 월동배추에 비해 품질이 떨어지므로 가을배추나 노지 월동배추를 봄까지 저장하여 판매하는 경우를 볼 수 있다.

배추의 일반적인 저장조건은 0~3℃의 저온과 상대습도 95%다. 배추는 수확 후에도 호흡과 증산 등의 생명현상이 지속되어 색깔과 조직이 변하는 노화가 진행되고 수분이 많아 부패한다. 배추는 호흡이 왕성한 편이다. 호흡열의 발생으로 주위 온도보다 내부 온도가 높아 노화가 빨리 진행되므로, 저장고는 이를 억제하기 위한 통기와 고른 온도 관리가 필요하다. 배추 호흡은 온도가 높을수록 커지는데, 온도가 10℃ 상승할 때 호흡이 2배 증가하는 것으로 알려져 있다. 또 수확 및 포장 과정에서 상처를 많이 받으면 호흡량이 증가한다. 또한 재배작형에 따라 호흡 정도에 차이를 보여 계절별로 달리 관리하여야 하며, 여름배추가 가을배추 및 겨울배추보다 호흡량이 높아 오래 저장하는 데 어려움이 있다.

〈표 2-6〉 배추의 호흡량 (mL CO$_2$/kg/h)

구분	늦봄배추	여름배추	가을배추	겨울배추
5℃	4~8	6~12	2~6	2~4
20℃	19~28	24~38	5~10	5~10

(자료 : 한국식품연구원, 2000; 한국식품저장유통학회지, 2001)

배추는 수분 함량이 높아 증산작용이 심하면 조직감이 나빠지고 저장 전과 비교해 중량이 10% 이상 줄어들면 일반 소비용으로서는 상품성을 상실한다. 또한 생리적 변질이 발생하므로 수분손실을 줄이도록 노력하여야 한다. 그러나 저장고의 높은 습도환경도 부패를 촉발하므로 적정한 습도조건이 되도록 관리에 유의하여야 된다.

배추 수확 후 저장용은 결구도가 80~90%인 것이 적당하다. 계절별로 수확 시간이 달라지는데 늦봄배추와 여름배추는 기온이 낮은 새벽에 일찍 수확을 한다. 가을배추는 수확 시간에 크게 영향을 받지 않으나 높은 온도나 이슬이 많이 묻은 시간은 피하도록 한다. 겨울배추는 배추 겉잎이 얼어있거나 물기가 많아 아침에 수확하는 것보다 배추가 마르기 좋은 낮에 하는 것이 좋다. 장기 저장용 배추는 수확 시 겉잎 5~6매를 먼저 제거하고 흙이 묻지 않도록 하며, 플라스틱 박스를 이용하는 경우 저장용기를 청결히 해야 한다.

저장고를 보편적으로 이용하기 전에는 움저장 방법을 이용하였는데, 노지 이랑식보다는 지하 밀폐식이 더 좋았다. 움저장은 너비 1m, 깊이 30~40cm, 길이는 임의로 조절하여 구덩이를 파고 여기에 겉잎을 제거한 배추를 뿌리째 캐다가 심는 저장법이다. 그 위에 간단한 지붕을 만들어서 보온과 방수를 해 주면 상당한 기간을 저장할 수 있으며 남부 지방에서는 2~3월까지 저장이 가능하다. 또한 해남과 진도 지방에서는 배추를 신문지로 덮어씌운 상태로 노지에서 월동을 시켰다가 2월 10일경에 수확하여 저온저장 하는데, 2월 10일 이후에는 꽃눈이 형성되어 추대될 가능성이 높아지기 때문이다.

배추는 저장 중에 비타민 C, 티오시안산염(Thiocyanate), 질산염(Nitrate), 환원당과 상품성은 저하하였으나 일정한 생체중에 대한 건물중은 증가했다. 배추의 저장시설별 저장성은 반지하식, 지상식, 조립식 저장고 간에 별 차이가 없었으나 품종에 따라서는 저장성의 차이가 있었다.

배추 저장고 내에 습도 유지를 위해 필름커버를 이용할 수 있다. 0.05mm PE 필름으로 밀봉저장했을 경우 저장성이 향상되는 경우도 있으나, 수시로 저장고를 개폐하거나 온습도 관리가 잘 안되는 곳은 오히려 결로가 조장되어 부패가 촉발된다.

가정에서 소량을 저장할 경우 겉잎을 제거하고서 2~3일 바람에 건조시킨 뒤 배추를 신문지에 싸서 얼지 않을 정도의 저온 암소에 세워 두면 상당한 기간 저장이 가능하다. 또한 PE 필름으로 포장하여 0~10℃의 온도에 두어도 오랫동안 저장된다. 그리고 대규모 김치제조용으로 사용하고자 하면 소금에 절여서 PE 필름으로 포장하여 저온저장하면 오랫동안 사용할 수 있다.

04 작형별 재배 관리

작형분화

배추는 연중 생산체계가 확립되어 1년 내내 파종과 수확이 가능하지만 각 작형마다 생산이 불안정하여 해에 따라 생산성의 차이가 있다. 가격을 많이 받기 위해 재배적기보다 빨리 또는 늦게 파종하는 경우에 추대, 병해충 발생 등이 심해져 문제가 된다.

〈표 2-7〉 배추의 작형분화

작 형	파종기	수확기	재배 지역
가을 조기 재배	7월 중~8월 상	9월 하~10월 중	경기 북부
가을 재배	8월 중	10월 하~11월 중	전국
늦가을 재배	8월 하~9월 상	11월 상~12월 상	남부해안
월동 재배	8월 하~9월 중	1월 상~2월 하	남부해안, 제주도
하우스 재배	11월 중~1월 중	3월 상~5월 상	남부, 중부
터널 재배	1월 하~2월 중	5월 상~5월 하	전국
봄 노지 재배	3월 상~4월 하	6월 상~7월 상	전국
준고랭지 재배	4월 하~7월 중	7월 상~9월 상	해발 400~600m
고랭지 재배	5월 중~7월 상	7월 하~9월 상	해발 600~800m

〈그림 2-3〉 봄 하우스 재배

〈그림 2-4〉 봄 터널 재배

〈그림 2-5〉 고랭지 여름배추

〈그림 2-6〉 가을 노지배추

〈그림 2-7〉 노지 월동배추

〈그림 2-8〉 노지 월동배추

작형별 재배 관리

가. 가을 재배

파종 적기보다 일찍 파종하면 바이러스병 및 뿌리마름병이 발생할 수 있어서 되도록 적기에 파종해야 한다. 또한 수확기에 석회 결핍증이 발생할 수 있으므로 석회 결핍에 강한 품종을 선택한다. 갑작스런 한파로 인해 동해를 입을 수 있으므로 재배 시 주의하며 바이러스병, 무름병, 뿌리마름병, 세균성흑반병 등 병해충을 방제한다.

나. 노지 월동 재배

파종 적기보다 일찍 파종하면 바이러스병 발생이 많아지고 월동 전에 지나치게 결구되면 노화와 추대가 빨라진다. 파종기가 늦어지면 결구에 필요한 잎 수를 확보하지 못해 월동 후에도 완전히 결구되지 않고 불결구 추대하는 경우가 있다. 또한 토양이 건조할 경우 석회 결핍증 발생이 심하므로 수분관리에 유의한다. 12월 상순경에는 배추를 묶어주어 동해를 방지한다.

다. 하우스·터널 재배

파종기를 앞당기면 저온에 의해 꽃눈이 형성되어 추대하므로 육묘에 필요한 난방비 등의 관리비가 증가한다. 만추대성 품종을 선택하고 육묘 시 야간 최저 온도가 13℃ 이상이 되도록 보온한다. 비료의 흡수가 원활하도록 토양이 과습하거나 건조하지 않게 수분관리에 유의하여 석회나 붕소 결핍증을 방지하고 생육 후기에는 노균병, 수확기 무렵에는 무름병 및 밑둥썩음병을 방제한다.

생육단계별 수분관리는 다음과 같다. 정식 시 고랑이 젖을 정도로 충분히 물을 준 경우, 1~2주간은 추가 관수를 하지 않아도 토양수분으로 작물생육이 가능하다. 정식 후 1~2주 후부터 아래 표의 해당량을 공급하되 수분 보유력이 큰 토양은 1회 공급량 및 관수주기를 늘리고, 수분 보유력이 작은 토양은 1회 물 공급량을 줄여서 자주 준다. 제시된 관수량은 점적관수시설이 설치된 경우에 한하며, 그 외의 경우 관수효율을 감안하여 물을 공급한다. 한편 배추는 토양수분이 20~33kPa일 때 관수 시작점으로 한다. 하우스가 평탄지에 위치하여 지하수 또는 주위의 담수된 논에서 물이 유입되어 작물에 이용될 경우 이를 고려하여 제시된 관수량의 2/3 정도 주고 부족할 경우 나머지를 준다.

생육단계별 양분관리는 다음과 같다. 관비시설이 갖추어진 하우스에 정식한 배추는 생육단계별 양분흡수량이 차이가 나며, 그에 따라 필요한 양분공급량도 다르다. 정식 전 토양검정을 실시하여 필요한 밑거름량을 공급하고 정식후 2주까지(생육 초기)는 웃거름을 공급하지 않는다. 경엽 신장기에 접어드는 정식 후 3주부터 〈표 2-8〉, 〈표2-9〉에 있는 양분량을 주 단위로 공급한다.

〈표 2-8〉 시설 봄배추 생육단계별 관수량(t/10a) 및 웃거름(g/10a)

봄배추		재배 기간(4월~6월)			
생육단계 (정식 후 주수)		(수량 1t, 재식주수 4,000주/10a)			
		관수량(t/10a)	웃거름(g/10a)		
		점적관수	질소 (요소)	인산 (0-52-34)	칼리 (염화칼륨)
생육 초기	1	–	–	–	–
	2	0.3~0.4	–	–	–
경엽 신장기	3	1.1~1.3	290	50	200
	4	2.2~2.3	290	50	200
	5	2.5~2.7	290	50	200
	6	2.7~2.8	290	50	200
결구기	7	2.7~2.8	160	60	350
	8~10	2.7~2.8	600	90	250
계		19.4~20.9	3,120	530	1,840

* 배추 1t 생산 기준 공급량임

〈표 2-9〉 시설 가을배추 생육단계별 관수량(t/10a) 및 웃거름(g/10a)

가을 배추 (9월~12월) (수량 1t, 재식주수 4,000/10a)					
생육단계 (정식 후 주수)		관수량(t/10a)	웃거름(g/10a)		
		점적관수	질소 (요소)	인산 (0-52-34)	칼리 (염화칼륨)
생육 초기	1	–	–	–	–
	2	0.58~0.70	–	–	–
경엽 신장기	3-4	0.58~0.70	160	130	560
	5-6	1.28~1.40	160	130	560
결구기	7	1.28~1.40	160	130	560
	8	0.82~0.93	160	130	560
	9	0.82~0.93	450	320	1,640
	10	0.82~0.93	520	420	1,390
	11-12	0.70~0.82	520	420	1,390
계		9.45~10.73	2,970	2,360	9,170

* 배추 1t 생산 기준 공급량임

〈표 2-10〉 관수방법에 따른 관수효율

관수방법	점적관수	살수관수	고랑관수
관수효율	90%	70%	60%

예) 고랑관수 일 때, 관수량 = 제시된 관수량 / 관수효율 0.6

라. 봄 노지 및 고랭지 재배

파종기가 적기보다 이를 경우 정식 시기도 앞당겨져 정식 후 저온에 의해 꽃눈이 형성되어 추대한다. 파종기가 늦어지면 결구기에 고온이 되어 무름병, 바이러스병, 노균병의 발생이 심해지므로 만추대성이면서 내병성 및 석회, 붕소 결핍증에 강한 품종을 선택하고 되도록 적기에 파종한다. 또한 고온시기 전후 글루탐산을 10ppm 농도로 물에 희석하여 배추 1포기당 200mL 씩 일주일 간격으로 2회 이상 엽면 살포하여 생리장해를 경감시킬 수 있다.

마. 얼갈이 재배

주로 시설 재배를 하므로 저온 약광에서 생육이 좋다. 추대가 늦고 수확기가 빠르며 석회 및 붕소 결핍증 등에 강한 품종을 선택하고 생육 후기에 노균병과 수확기경에는 무름병 등을 방제한다.

바. 엇갈이 재배

고온에서 엽수 분화가 빠르고 탄력성이 있어 잘 부서지지 않는다. 내서성, 내습성, 내병성에 강한 품종을 선택한다.

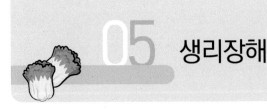

05 생리장해

영양소 과부족 생리장해

가. 붕소 결핍증

(1) 붕소의 역할

붕소는 미량요소 중 하나로 식물체 내에 함유되어 있는 양은 극히 적고 작물에 따라 차이는 있으나 2.3~94.7ppm 정도이다. 붕소가 식물체 내에 존재하는 형태나 구성하고 있는 유기물질에 관해서는 잘 알려져 있지 않으나 중요한 생리적 작용에 관여하고 있다. 붕소는 생장점의 분열조직이나 형성층의 세포분열 및 세포벽 성분 중에서 펙틴의 형성에 중요한 역할을 한다. 붕소가 결핍되면 세포가 불균일하게 커져서 세포벽 내부부터 붕괴되므로 세포벽의 기능이나 식물체의 구조유지가 불가능하게 된다. 또한 붕소는 탄수화물의 이동에 관계하며 효소의 활성을 촉진하고 질소, 칼슘, 칼리의 흡수를 도와 뿌리의 생장이나 활동이 정상적으로 이루어지게 한다. 붕소는 적량을 시용하면 수량이 증가하고 생육이 좋아지는 반면 과용하면 작물의 생육에 해롭게 작용하여 원형질의 점성이 떨어지고 세포벽에 대한 점착성을 줄어들게 할 뿐 아니라 엽록소가 황화되어 광이 있어도 광합성이 저하된다.

(2) 붕소 결핍 증상

붕소는 식물체 내에서 이동이 어려운 요소로 결핍 증상은 주로 새잎이나 생장점 주변에서 나타나는데, 결핍되면 줄기의 생장점이 붕괴되고 유관속이 파괴되며 뿌리의 생장도 극도로 나빠지고 갈변한다. 배추의 경우 결핍 증상은 주로 바깥 잎에 나타나지만 심할 경우에는 속잎에도 나타나는데, 가로 방향으로 균열이 생기고 심하면 갈라지기도 한다. 또한 어느 정도 자란 뒤에 잎이 농녹색으로 진해지고 잎자람이 불량해지며 중륵의 안쪽이 갈색~흑색으로 코르크화되면서 갈라지고 결구가 지연된다.

(3) 붕소 결핍 원인

붕소 결핍은 토양 중에 붕소의 함량이 부족하거나 토양이 건조, 과습 또는 고온으로 배추 뿌리의 붕소 흡수 능력이 저하될 때 생긴다. 질소, 칼리 및 석회를 과다하게 시용함으로써 길항작용에 의해 붕소 결핍이 생길 수 있다. 일반적으로 경토가 낮은 모래땅에서 잘 발생한다.

〈그림 2-9〉 경미한 붕소 결핍　　　　〈그림 2-10〉 심한 붕소 결핍

(4) 붕소 결핍 진단법

배추의 붕소 결핍증을 진단하는 방법은 다음과 같다. 우선 잎자루 부위 안쪽에 진한 갈색반점이 보이거나 심한 경우 흑갈색으로 변하는지 관찰해야 한다. 망간 결핍이나 철 결핍과 달리 잎이 위축되고 속썩음 현상이 나타나므로 잘 살펴본다. 또한 칼슘 결핍 증상이 생장점에 생육장애를 나타내기 때문에 붕소 결핍증과 매우 유사하나 붕소 결핍증은 잎자루에 균열을 일으키며 조직이 코르크화되므로 잘 관찰한다.

(5) 붕소 결핍 대책

토양 중 붕사가 부족하지 않게 밑거름으로 붕사를 10a당 1~1.5kg을 시용하며 길항작용을 하는 석회, 질소, 칼리 등을 필요 이상으로 과용하지 않아야 한다. 또한 유기물에는 붕소가 다량으로 함유되어 있어 생육 중 붕소 결핍증이 일어나는 것을 막아주며, 토양 완충능을 높이므로 유기물을 적정량 시용한다. 고온기 배추 재배에서는 관수를 철저히 하여 토양이 건조하지 않게 하고 장마기에는 배수를 철저히 하여 과습하지 않게 관리한다. 붕소 결핍 증상이 나타날 기미가 있을 때 0.2%의 붕산액에 생석회를 0.3% 가용해서 결구 초기에 2~3회 살포하면 효과를 보기도 한다. 붕소 결핍증을 우려하여 2kg/10a를 초과하면 해작용이 나타나므로 적량 살포한다.

나. 석회(칼슘) 결핍증

(1) 석회의 역할

석회 비료의 주성분은 칼슘으로 주로 식물체 내의 잎에 집중되어 있다. 칼슘은 불용성이기 때문에 체내 이동이 비교적 어렵다. 식물체 내의 칼슘은 펙틴산 칼슘으로 존재하며 이 물질은 세포벽의 일부를 구성하여 식물체의 골격을 형성한다. 석회는 주로 잎에서 세포막을 강하게 하여 병에 대한 저항성을 증대시키고, 식물체 내의 과잉 유기산의 중화 및 마그네슘의 독성을 완화하는 효과가 있다. 또한 토양산도를 교정하는 효과를 가지고 있어 석회를 시용하면 산성 토양을 중화시켜 알루미늄과 망간 등으로 인한 뿌리장해 및 미생물 활동 저하 등 여러 가지 해작용을 완화시킬 수 있다.

(2) 석회 결핍 증상

석회가 결핍되면 작물 전체의 생장이 저하되고 줄기가 거칠어지며 목화가 촉진된다. 결핍 증상은 처음에는 어린 부분에 나타나며 성숙 전에 작물이 말라죽는다. 또한 줄기 끝 어린잎의 기형화, 잎의 경화, 황화 갈색반점의 출현, 생장점 부위의 급속 퇴화 등을 초래하고 뿌리 신장의 억제와 뿌리 끝 생장점 부위 세포의 죽음 등의 증상을 나타낸다. 배추의 경우는 어느 정도 자란 후 어린 잎의 가장자리가 마르거나 물러지는 현상을 일으킨다. 속잎이 무르면서 부패하는 경우는 석회대사 불균일에 의해 잎에 장해가 생기거나 바이러스병 감염 또는 폭우 등으로 인해 식물체에 상처가 생긴 것이다. 토양 중에 사는 세균이 침입하여 속잎부터 썩어 들어가는 현상으로 외부에서 보면 정상적으로 결구된 것처럼 보이지만, 속을 보면 썩어 속이 비게 되는 경우도 있다. 일명 배추 속썩음병 또는 꿀통 배추라고 한다.

(3) 석회 결핍 원인

배추에서 석회 결핍 증상은 토양 중에 석회가 부족하거나 질소와 칼리 성분을 과다하게 시비한 경우에 나타나며, 붕소 시비량과도 관계가 있다. 석회와 붕소를 적절하게 시비했을 경우 결핍 증상이 전혀 발생하지 않는 반면, 석회나 붕소 중 어느 한쪽이 적정량보다 부족한 경우에는 결핍 증상이 발생하게 된다. 토양 중에 있는 석회가 물에 녹아 뿌리가 물을 흡수할 때 다른 양분과 함께 흡수되어 식물체 내로 들어가게 되는데, 건조하면 석회가 토양 중에 충분히 녹지 못하므로 석회가 식물체 내로 충분히 흡수되지 못한다. 고온기에는 증산작용이 활발하게 일어나므로 식물체 내의 어느 부위에서 물이 급속히 증발되어 석회가 더 이상 다른 곳으로 이동하지 못하게 되므로 생장점 부위의 어린잎에서 결핍 증상이 나타나게 된다. 따라서 우리나라 배추 재배 시 장마기 및 건조기에 석회 결핍 증상이 나타나는 이유는 고온다습으로 인한 정상적인 증산작용이 일어나지 못하여 발생하는 것으로 추정된다.

〈그림 2-11〉 석회 결핍으로 인한 속썩음병

〈그림 2-12〉 석회 결핍으로 잎 가장자리 마름

(4) 석회 결핍 진단법

배추의 석회 결핍증은 어린 속잎에서 주로 나타나므로 생장점이 죽거나 잎이 제대로 크지 못하고 누렇게 변하는지 관찰한다. 또한 결구기에는 겉잎은 정상으로 보이나 속잎 끝이 갈색으로 변하면서 생육이 억제되어 속이 차지 않으므로 주의하여 관찰한다.

(5) 석회 결핍 대책

배추의 석회 결핍을 막기 위해서는 밑거름으로 석회를 적정량 시용하며 배추 뿌리가 잘 흡수하도록 토양이 건조하거나 과습하지 않게 관배수에 유의해야 한다. 시설 재배 시에는 고온이 되지 않도록 온도 관리를 잘하며 생육기 중 결핍 증상이 나타날 가능성이 있으면 결구 초기에 염화칼슘 0.3%액을 5일 간격으로 3회 정도 잎에 살포한다. 덧거름은 소량으로 여러 번 나누어 주어 다른 요소의 길항작용으로 인한 결핍 증상이 일어나지 않게 하며, 품종 선택 시 석회 요구량이 적은 품종을 선택하여 재배해야 한다.

다. 마그네슘 결핍증

(1) 마그네슘의 역할

마그네슘은 엽록소의 구성성분으로, 식물체 내의 광합성 관련 기관이나 종자에 비교적 많이 들어 있으며 석회와 더불어 골격 유지에 기여한다. 마그네슘은 여러 가지 효소를 활성화시켜 특히 인산대사나 탄수화물대사에 관계하는 효소의 작용에 밀접하게 영향을 미친다. 작물이 토양으로부터 인산을 흡수하는 작용을 돕고 흡수된 인산을 체내의 필요한 장소에 운반하는 역할을 한다. 또한 마그네슘은 식물체 내의 지방과 핵단백질이 합성하고 리보솜의 구조를 유지하게 돕는다.

(2) 마그네슘 결핍 증상

마그네슘은 식물체 내에서 이동이 잘 되는 성분이므로 결핍 시에 늙은 잎의 엽록소가 파괴되고 그 안의 마그네슘이 어린잎으로 이동하게 되므로 늙은 잎의 황백화가 일어나고 엽록소 함량이 줄어든다. 또한 작물 전체의 생장이 저해되고 잎의 잎맥은 녹색이지만 잎맥 사이는 황화 또는 백화되는 증상이 나타난다. 줄기에서는 잎의 증상만큼 뚜렷하지는 않지만 줄기의 비대 생장이 나빠지며 뿌리의 생장도 저해된다. 배추의 경우도 마찬가지로 마그네슘이 부족하게 되면 처음에는 잎맥 사이가 황화되어 가다가 점차 황갈색으로 변한다. 황화가 노화된 잎의 가장자리에서 시작되고 차차 잎맥만 남기면서 황색으로 변하는 증상을 보인다.

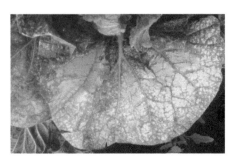

〈그림 2-13〉 배추 마그네슘 결핍

(3) 마그네슘 결핍 원인

토양 중에 마그네슘의 함량이 부족하거나 충분히 함유되어 있더라도 칼리비료의 다량 시용 등에 의해 마그네슘의 흡수가 방해를 받는 경우에 발생할 수 있다. 또한 불량한 배수나 건조 등으로 뿌리의 활력이 약화되어 충분히 흡수되지 못할 때 주로 나타난다.

(4) 마그네슘 결핍 진단법

마그네슘 결핍은 칼리 결핍증과 달리 황변부와 녹색 부위의 구별이 분명하지 않으며 황화 증상이 잎응애 피해 증상과 비슷하므로 잎 뒷면을 주의 깊게 관찰한다. 오랜 시간 동안 저온이 계속되고 광이 부족해도 잎의 황화가 발생하므로 마그네슘 결핍으로 인한 피해가 분명한지 자세히 관찰한다.

(5) 마그네슘 결핍 대책

배추의 마그네슘 결핍을 막기 위해서 길항작용을 하는 칼리와 석회질 비료를 과용하지 않으며 용성인비를 밑거름으로 준다. 또한 해마다 결핍 증상이 많이 발생하는 곳에는 황산마그네슘을 주고 결핍증이 나타나기 시작하면 가급적빨리 1~2%의 황산마그네슘액을 10일 간격으로 4~5회 엽면살포한다. 토양이 산성인 경우는 고토석회 비료를 10a당 80~100kg 시용한다.

라. 칼리 결핍증

(1) 칼리의 역할

칼리는 광합성이 왕성한 잎이나 세포분열이 왕성한 줄기 및 뿌리의 선단부에 함유되어 있다. 칼리는 기공의 공변세포 생리작용, 삼투 포텐셜 변화 및 개폐운동에 영향을 주어 증산작용을 조절하며 세포 원형질의 콜로이드 상태나 함유물질에 영향을 주어 수분 흡수력, 수분 보유력 등을 조절한다. 또한 칼리는 작물의 줄기나 잎을 강하게 하는 역할을 하고 있다고 알려져 있다.

(2) 칼리 결핍 증상

칼리는 식물체 내에서 이동이 쉽고 오래된 기관 내에 함유된 것이 점차 어린 생장 부분으로 이동하므로 결핍 증상은 주로 묵은 조직에서 나타난다. 보통 식물체 전체에 나타나는 칼리 결핍증이 생장 초기에 나타나는 일은 드물고 대체로 발육이 어느 정도 진행된 다음에 나타난다. 일반적인 결핍 증상은 처음에는 보통 농녹색이고 결핍의 정도가 심해지면 묵은잎에서부터 그 가장자리의 녹색이 황색, 갈색 혹은 회색으로 변한다. 변색부는 차차 잎의 중심을 향하여 진행되어 일종의 엽소 증상을 일으킨다. 줄기가 가늘어지고 바람이 불면 쓰러지기 쉬운 상태가 되며, 뿌리가 가늘어지고 그 생장저해가 지상부에 비해 뚜렷하게 나타난다. 종자가 성숙할 수 없는 확률이 높으며 성숙하더라도 부실해진다. 배추의 경우에는 잎이 전체적으로 잎맥이 암록색으로 주름이 많고 뻣뻣해지며 마른 잎의 선단이나 잎가가 황변 또는 갈변한 후에 괴사한다. 또한 잎 색이 흑색으로 변하면서 단단해진다.

(3) 칼리 결핍 원인

배추의 칼리 결핍은 토양 중 칼리 함량이 적은 사질 양토에서 자주 발생하며, 생육이 왕성해서 결구가 현저하게 이루어질 때 공급량이 흡수량을 따라가지 못할 경우에 발생한다. 또한 길항작용을 하는 석회를 과용했을 때에 칼리의 흡수가 방해받는 경우나 저일조와 저온기, 특히 지온이 낮은 경우 칼리의 흡수가 어려워져 발생하기도 한다.

(4) 칼리 결핍 진단법

칼리 결핍 증상은 식물체가 어릴 때는 나타나는 일이 적고 식물체가 어느 정도 크게 되면 나타난다. 잎 둘레가 마르는 현상은 아래 잎부터 시작되어서 질소 결핍과 유사하나 칼리 결핍증은 질소 결핍증보다 건전부와 황화부의 구별이 뚜렷하다. 또한 시설 재배 시 가스 장해로도 백화현상이 발생하기도 하니 주의 깊게 진단해야 한다.

(5) 칼리 결핍 대책

배추의 칼리 결핍을 방지하기 위해서는 칼리 비료를 충분히 시용하고 특히 생육 중후기에 거름기가 떨어지지 않도록 덧거름을 적정량 시비하고 유기물을 충분히 시용해야 한다.

마. 질소 과잉(깨씨무늬 증상) 및 결핍증

(1) 질소의 역할

식물체 내의 질소는 기관 상호 간에 쉽게 재분배되며, 탄소를 함유한 물질과 결합하여 여러 가지 유기화합물을 구성하고 있다. 또한 질소는 단백질의 구성원소이며 원형질을 구성하는 주요한 원소이다. 이 밖에도 효소의 활성에 밀접한 관계가 있는 여러 가지 비타민이나 호흡작용에 중요한 아데닌, 핵산, 엽록소 등과 같은 중요물질의 성분이다. 질소는 작물의 광합성, 질소 동화작용, 호흡작용 등에 관여하여 작물의 생장과 발육을 돕고 생리현상의 각 분야에 관여한다.

〈그림 2-14〉 배추 깨씨무늬

(2) 질소 과잉 및 결핍 증상

식물체 내에 질소가 과잉되면 광합성에 의해 만들어진 탄수화물이 빠르게 단백질이나 원형질로 변하기 때문에 무질소화합물인 세포벽 물질이나 리그린 형성을 위해 남게 되는 탄수화물량이 적어지므로 세포벽이 얇아지고 잎은 연약해진다. 또한 작물의 병해충, 서리해, 건조해에 대한 저항성도 약화된다. 배추의 경우 결구 초기에 질산태 질소가 과다하면 결구 내부의 어린 잎들이 이를 전부 소화하지 못하여 잎자루 속에 초산태 질소의 농도가 높아져 깨씨무늬 증상이 발생한다. 깨씨무늬 증상은 중륵에 깨알같은 작은 흑색 반점이 생기는 증상을 말한다.

식물체 내에 질소가 결핍되면 작물의 전체 생장이 저해되며, 작물의 아래 부분의 오래된 잎이 황화되어 시든다. 줄기가 가늘어지고 딱딱해지며, 담녹색으로 색이 변하고, 뿌리의 생장이 저해된다. 배추의 질소 결핍증은 배추 전체가 왜화되고 아래 잎부터 균일하게 황화된다. 잎맥 사이부터 황화되기 시작하여 점차 잎맥의 녹색이 거의 없어지고 뿌리의 발육이 불량해지지만 지상부가 위조하지 않다가 일찍 노화한다. 결구 후기에 깨씨무늬 증상이 나타나는 경우 질소가 부족하여 결구 중심부의 생육을 위해 겉잎의 영양분이 중심부로 이동한다. 이때는 바깥 잎의 중륵 부분에 깨씨무늬 증상이 생기기도 한다.

(3) 질소 과잉 및 결핍증 원인

배추에 초산태 질소 과다로 나타나는 깨씨무늬 증상은 결구 내부의 잎에서 어린잎이 다 자라기 전에 초산태 질소가 일시적으로 과다하게 공급될 때 결구 내부의 잎에는 햇빛이 비치지 않아 초산태 질소의 환원능력과 그에 따르는 아미노산의 합성능력이 낮아지는 것 때문에 생기는 것으로 보인다. 따라서 잎의 경우보다 초산태 질소의 농도가 낮다 하더라도 결구 내부의 환원능력을 벗어나기 때문에 질소대사에 이상이 생겨 깨씨무늬 증상이 나타나는 것으로 알려져 있다.

배추의 질소 결핍증은 토양 중의 질소 함유량이 낮은 때나 볏짚을 다량으로 시용하고 강우량이 많거나 시설 재배 시 잦은 관수로 질소의 용탈이 많았을 때, 사질토나 사양토와 같이 양이온 치환용량이 적은 토양일 때에 발생할 수 있다.

(4) 질소 결핍 진단법

질소는 체내 이동이 쉬우므로 주로 노화한 부위에서 결핍현상이 나타난다. 질소 결핍증은 유황 결핍증과 마그네슘 결핍증, 병해충에 의한 황화 현상과 유사하므로 주의 깊게 진단해야 한다. 마그네슘 결핍에 의한 황화는 아랫잎부터 발생하여 잎맥의 녹색이 약간 남으므로 구별할 수 있다. 병해충에 의한 황화는 낮에 잎이 시드는 위조현상이 나타나고 집단적이며 불연속적으로 발생한다. 토양의 EC(전기전도도)를 측정하는 것도 좋은 진단법이다. 수치가 낮으면 질소 결핍과 관련 있는 것으로 진단할 수 있다.

(5) 질소 과잉 및 결핍 대책

배추의 깨씨무늬 증상을 막기 위해서는 질소질 비료가 일시에 과다하게 공급되지 않도록 덧거름 위주로 적기에 적정량을 시비하고 미량요소도 부족하지 않도록 비배관리 및 수분관리에 신경 쓴다. 또한 생육 후기, 즉 결구 후반기에는 질소질이 부족하지 않도록 덧거름에 유의하고 저장 중에 증상이 발생하는 것을 방지하기 위해 노후화된 배추는 저장하지 않는다.

일반적인 질소 결핍증을 막기 위해서는 토양 중에 질소 비료를 충분히 시용한다. 저온기에는 초산태 질소 비료를 시용하는 것이 좋으며 0.2~2.5%의 요소액을 엽면살포한다. 또한 멀칭을 할 경우 시비한 질소의 유실을 막아주는 효과가 있다. 완숙퇴비와 유기질 비료의 충분한 사용으로 지력을 높여 결핍증에 대비하는 것이 좋다.

〈그림 2-15〉 배추 추대

〈그림 2-16〉 배추 꽃봉오리 발생

재배 관리와 관련된 생리장해 증상

가. 배추 꽃봉오리 형성 및 추대

(1) 원인 및 증상

배추는 번식을 위해 씨앗이 물을 흡수하면서부터 저온에 감응한 후 꽃봉오리를 형성하는 종자춘화형 작물이다. 이러한 현상은 배추의 입장에서는 지극히 당연한 것으로, 엄밀한 의미로는 생리 장해라고 할 수 없겠으나 인간의 재배적 측면에서는 대단히 불리한 것이 사실이다. 낮은 온도가 아닌 20℃ 정도로 관리하더라도 낮길이를 극단적으로 길게 해주면 꽃봉오리가 생기기도 한다.

배추 품종에 따라 꽃봉오리를 형성하기 위해 요구되는 저온의 정도와 기간에 차이가 심하기는 하지만 보통 평균기온 13℃ 이하에서 7~10일 정도 경과하면 생장점이 잎을 형성하는 것을 그만두고 꽃눈을 형성한 후 꽃봉오리로 발달한다. 그 후 온도가 높아지거나 낮길이가 길어지면 고갱이가 급속히 길어지고 꽃이 피는데, 이때는 흡수된 양분의 대부분이 꽃을 피우고 종자를 맺는 쪽으로 이동되어 영양생장이 거의 멈추게 되므로 상품성이 없게 된다.

(2) 대책

꽃봉오리 형성 및 추대를 방지하기 위해서는 추대가 늦은 만추대성 품종을 선택하며 하우스, 터널, 봄노지, 여름 고랭지 재배 시에 낮은 온도에 처하지 않도록 주의한다. 또한 심는 품종의 추천 파종 시기를 준수하여 조기 파종과 조기 정식을 피해 저온에 처할 수 있는 시기를 피해서 재배한다. 육묘 시에는 육묘상의 온도를 최저 13℃ 이상으로 관리하되 육묘기간 중 실수로 하룻밤 저온을 받았다고 판단되면 다음날 다소 고온으로 관리해주어 저온 효과를 상쇄하는 방법이 있다. 또한 어렵기는 하지만 정식 후 다소 낮은 온도나 짧은 낮길이 하에서 재배함으로써 추대를 억제시킬 수 있다.

나. 방울배추(액아 발생)

〈그림 2-17〉 방울배추

(1) 증상

배추의 생장점이 장해를 받게 되면 겨드랑이눈(액아)들이 자라서 작은 배추가 여러 개 생기게 된다. 생육 초기에 장해를 받으면 쉽게 나타날 수 있지만 생육 중기 및 후기에도 나타날 수 있다.

(2) 원인

방울배추는 유묘기에 배추좀나방, 순나방 및 벼룩 잎벌레 등의 해충이 생장점을 갉아 먹으면서 숨어 있던 겨드랑이눈의 생장이 촉진되어 나타난다. 또한 미숙계분 등의 미숙퇴비를 과다 시용하게 되면 생장점이 가스방해를 받아 방울배추가 나타나기도 하고, 하우스 재배 등 고온에서 재배할 경우나 농약이나 비료를 살포한 경우에는 농도가 높아져 생장점이 장해를 입을 수 있다. 노지 재배의 경우는 유묘기 때 거센 빗줄기나 우박 등의 피해로 생장점이 물리적인 상처를 입어 나타날 수 있다.

(3) 대책

방울배추가 되는 것을 방지하기 위해서는 유묘기 때 토양 살충제 등을 살포하여 배추좀나방 등의 해충의 발생에 주의를 기울인다. 또한 적기에 파종하여 고온장해를 입지 않도록 하며 터널이나 하우스 재배 시 가스장해를 받지 않도록 완숙퇴비를 시용하고 환기를 철저히 해야 한다. 육묘 중에 물주기로 인하여 물리적인 상처를 받지 않도록 약한 수압으로 관수한다.

가. 아황산가스(SO_2)

(1) 발생 원인

화력발전소, 제련소, 황산제조공장 및 벙커씨유를 연료로 사용하는 각종 공장이나 자동차의 매연 등으로 인하여 발생한다.

(2) 피해 증상

아황산가스의 피해를 입으면 일반적으로 적갈색의 반점이 잎맥 사이에 무수히 나타나는 것이 특징이다. 조직의 수축, 낙엽 현상, 수세의 약화 현상과 성장 감퇴 현상도 나타난다. 급성 피해의 경우 농작물이 고농도의 아황산가스를 단시간에 흡수했을 때 발생하기 때문에 세포 내에 함유된 엽록소가 급격하게 파괴되거나 세포가 괴사하는 현상 등을 보인다. 만성 피해는 저농도의 아황산가스가 장기간 노출되어 엽록소가 서서히 붕괴되어 황화 현상을 나타낸다. 피해 입은 세포는 파괴되지 않고 생명력을 유지하고 있다가 수일 후에 탈색이나 표백된다.

(3) 피해 기작

아황산가스가 기공을 통하여 흡입·축적되어 유해농도에 도달하게 되면 세포에 상흔을 입히는데, 이런 세포는 수분 보유능력을 상실하게 되어 점차 표백되거나 적갈색으로 괴사한다. 또한 흡수된 아황산가스는 광합성 작용의 부산물인 효소와 결합하여 산화되고 증산작용에 따라 이동하여 잎 끝이나 가장자리에 축적된다. 아황산가스 자체도 잎의 알데하이드나 당과 반응하여 생성물이 파괴되면서 아황산 혹은 황산이 생성되어 식물에 피해를 주기도 한다.

(4) 피해 대책

공장이나 사업장으로부터 배출되는 아황산가스의 양을 최대한으로 제한하고 아황산가스에 저항성이 있는 작물이나 품종을 재배한다. 이 밖에 칼리나 규석을 시용하거나 석회를 농작물에 살포하는 방법이 있다.

나. 오존가스(O_3)

(1) 발생 원인

공장 굴뚝 및 자동차 배기에서 주로 이산화질소(NO_2)가 배출되는데 이 이산화질소가 광에너지에 의하여 산화질소(NO)와 산소원자(O)로 나누어지고, 나누어진 산소원자(O)는 산소(O_2)와 결합하여 오존가스(O_3)를 생성한다.

(2) 피해 증상

오존가스 피해를 입으면 적갈색의 미세한 반점이 잎맥을 따라 무수히 나타나며 광도가 높을 때는 황록색으로 나타난다. 또한 잎의 뒷면 조직에 물에 젖은 듯이 불투명한 괴사반점이 나타나는 경우도 있다.

(3) 피해 기작

오존이 기공을 통하여 식물체 내에 들어가면 세포막의 구조와 투과성에 영향을 미치고 세포 내의 효소와 세포기관에 작용한다. 주요 대사과정을 저해하고 엽록체나 미토콘드리아의 막을 산화시켜 이들의 작용을 저해하기도 한다.

(4) 피해 대책

굴뚝의 매연이나 자동차 배출가스의 오염원을 제거하고 저항성 작물이나 품종을 재배한다. 또한 상습 피해지에는 질소질 비료보다는 칼리질 비료를 시용하는 것이 좋다.

다. 암모니아가스(NH_3)

(1) 발생 원인

질소 비료공장, 냉동공장, 자동차 배기, 하수종말처리장에서 발생된다. 질소 과다 시용이나 미숙 유기물을 시용할 때에 발생한다.

(2) 피해 증상

암모니아가스가 식물체 잎에 접촉되면 잎 표면에 흑색의 반점이 나타나며 잎맥 사이가 백색 혹은 회백색으로 변하거나 황색으로 변한다.

(3) 피해 기작

암모니아가스가 기공이나 표피를 통하여 들어가면 색소를 파괴하고 잎을 변색시킨다. 질소 비료를 과다 시용하거나 미숙 유기물을 시용하면 암모니아가스가 발생해 비닐하우스나 터널 내의 농작물에 피해를 끼친다.

(4) 피해 대책

암모니아가스를 취급하는 시설에서 가스배출을 억제하고 질소질 비료의 과용 및 미숙 유기물 시용을 지양해야 한다. 또한 비닐하우스와 비닐터널을 철저하게 환기한다.

라. 이산화질소가스(NO_2)

(1) 발생 원인

공장 굴뚝이나 자동차 매연 등 고온 연소 시 질소와 산소가 있을 경우에 많이 발생된다. 토양에 미숙 유기물이 존재하고 토양 pH가 5.0 이하일 때 아질산균에 의하여 발생하기도 한다.

(2) 피해 증상

잎맥 사이에 백색 또는 황갈색의 불규칙적이고 조그마한 괴사 부위를 형성한다.

(3) 피해 기작

식물이 급격하게 조직 파괴되거나 괴사하고 심한 경우에는 낙엽 현상이 일어난다. 잎의 기공이 열린 상태로 고정시켜 주간보다 야간에 피해가 심한 편이다. 또한 낮에는 광에 의해 산화질소(NO)와 산소원자(O)로 쉽게 분리되어 오존(O_3)가스를 생성하여 오존 피해의 원인이 되기도 한다.

(4) 피해 대책

이산화질소(NO_2)가스의 오염원을 줄이거나 저항성인 작물이나 품종을 재배하며 비닐하우스 내에서는 환기를 속히 시켜준다. 유기물이 많을 때에는 토양산성화를 방지한다.

마. 토양오염

(1) 발생 원인

금속광산 폐수, 제련소 분진, 금속공장 폐수, 자동차 배기, 배터리 등이 원인이다. 비료나 농약 등의 과·오용으로 인해 발생하기도 한다.

(2) 피해 증상

금속광산 폐수는 중금속을 다량 함유하고 있어 중금속의 특유 피해 증상이 나타나며 청고 현상 등이 있다. 석탄광산 폐수는 황화물을 많이 함유해서 강산성을 나타내어 벼의 경우 백색으로 고사된다. 염류가 토양에 쌓이면 농작물의 잎 끝이 적갈색으로 마르며 심한 경우에는 고사된다.

(3) 피해 기작

중금속은 종류에 따라서 다소 다르게 반응하지만, 구리는 체내 단백질과 결합되어 효소의 활성을 저해한다. 석탄광산 폐수는 황화물이 물에 녹아 강산성의 관개용수에 의해 농작물에 직접 피해를 주는 경우가 있고 토양의 영양분을 용탈시켜 양분 결핍을 초래하기도 한다. 또한 비닐하우스 재배 시 유기질 비료 등의 과용에 의하여 토양염류가 높아지면 식물 뿌리가 영양분을 흡수하지 못하고 뿌리의 수분이 빠져 나와 작물이 수분과 영양의 결핍을 겪게 된다.

(4) 피해 대책

광산이나 사업장에서 유해물질의 배출을 제한해야 한다. 저항성 작물이나 품종을 재배한다. 또한 석회, 인산, 유기물 등을 다량 사용해서 중금속 피해와 산성 피해를 경감시킬 수 있다. 비닐하우스 재배 등에는 염류가 높은 비료의 사용을 금지해야 한다.

06 병해충 진단 및 방제

병해

바이러스병(Virus)

〈그림 2-18〉 모자이크 증상

〈그림 2-19〉 배추 바이러스병

(1) 병징

배추 바이러스병은 동일한 병원바이러스에 의해서 대부분 두 종의 병징 형태로 나타난다. 하나는 이상모자이크 증상이다. 가는 엽맥 부분에 암갈색~흑색의 이상반점과 윤점을 형성한다. 잎 전체에 나타나는 경우도 있지만 대부분은 중륵을 경계로 한쪽 면에 나타나는 경우가 많고 발병 후에는 전체 생육이 불량하게 된다. 두 번째는 모자이크 증상이다. 담녹색의 짙은 모자이크가 나타나는 증상이다. 두 가지 병징이 같이 발생하는 경우도 많다. CMV에 감염된 잎에는 미약한 모자이크나 축엽이 나타난다. RMV는 잎이나 줄기에 괴저반점이 나타나고, 결구의 내부까지 진전되어 대부분이 썩게 된다. TuMV는 결구종 배추의 경우 외부잎에서는 모자이크가 나타나지만, 속잎에서는 모자이크가 나타나지 않고 괴저반점이 나타난다. 결구종이 아닌 배추 품종에서는 거의 괴저반점이 나타나지 않고, 모자이크 병반이 뚜렷하게 나타난다.

(2) 병원균

오이모자이크바이러스(Cucumber Mosaic Virus, CMV), 리브그라스모자이크바이러스(Ribgrass Mosaic Virus, RMV), 순무모자이크바이러스(Turnip Mosaic Virus, TuMV)

(3) 발생생태

CMV는 토마토, 가지, 고추, 오이, 참외, 멜론, 상추 등 기주 범위가 넓기 때문에 어느 재배지에나 전염원이 있다. CMV는 80종 이상의 진딧물에 의해서 비영속 전염을 하기 때문에 전염이 쉽게 이루어진다. TuMV는 사상형 입자이며 대부분 배춧과 식물에 기생할 수 있다. 진딧물에 의해 전염되며 종자전염이나 토양전염 등은 하지 않는다. 바이러스병의 발생과 진딧물의 비래 수는 깊은 관계가 있어서 진딧물의 비래가 많은 해나 재배지에서 쉽게 발병한다. RMV는 충매전염은 하지 않지만 접촉이나 종자전염이 가능해서 오염종자나 연작지 토양 내의 병든 식물 유체 등이 1차 전염원으로 작용한다. 이 바이러스는 전국적으로 분포하며, 배추에서만 발병하는 것이 특징이다.

(4) 방제

병원균은 피해 뿌리와 함께 토양 중에서 토양전염이 가능하기 때문에 발병 적지의 배추연작을 피하는 것이 좋다. 또한 발병주의 줄기와 뿌리 등이 다른 밭으로 가면 전염원이 될 수 있기 때문에 처분을 확실하게 하여야 한다. 이 병의 적극적인 방제를 위해서 토양소독을 해야 한다.

○ CMV 방제

- 저항성 품종을 재배하고 진딧물이 전염하므로 진딧물의 기주를 제거한다.
- 살충제를 살포하여 진딧물을 방제한다.

○ RMV 방제

- 배추를 연속으로 재배하지 말아야 한다.
- 오염 토양, 옷, 손, 농기구들의 오염물을 제거한다.
- 전염원이 되는 이병식물은 발견 즉시 제거한다.

○ TuMV 방제

- 유채, 무, 배추, 시금치, 쑥갓 등에서 발병되므로 연속 재배하지 말아야 한다.
- 진딧물로 인해 전염되므로 살충제를 살포하여 진딧물을 방제한다. 전염원이 되는 배추와 잡초를 제거한다.

무름병(Soft rot)

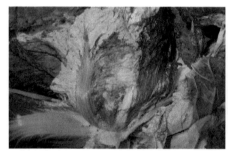 

〈그림 2-20〉 배추 무름병, 무름병 발병 재배지

(1) 병징

배추에서 가장 피해가 큰 병해이다. 초기에 지제부 하위엽의 엽병이나 줄기부터 발병해서 담갈색 수침상의 병반이 급속도로 잎 부분까지 퍼지고 다른 엽병에도 확산되어 결국에는 결구 내부까지 연화하고 부패하게 된다. 처음부터 줄기와 직근이 침해받아 외엽이 심하게 부패하고 급속도로 전체 식물체가 시들며 그 후에는 무름 증상이 진전된다. 발병 후 건조한 기후가 계속되면 무른 부분부터 암갈색으로 변한다. 이 발병주는 악취를 풍기는 것이 특징이다.

(2) 병원균 : Erwinia carotovora subsp. carotovora (Jon.) Berg.et al.

(3) 발생생태

세균병으로 병원균은 주모성 간상세균으로 발육적온은 32~33℃이다. 조생종 배추 품종에 많고 보통 작형에서는 가을철이고 고온인 해에 다발생한다.

(4) 방제

2~3년 동안 벼과나 콩과 작물로 윤작한다. 조기 파종 시에는 파종시기를 늦추는 것이 좋다. 방제약제로는 스트렙토마이신제가 유효하기 때문에 5~6엽기 이후에 7~10일 간격으로 1회 살포한다. 살포할 때에 가능한 지제부까지 약제가 도달하도록 살포한다. 이 병원균은 건조에 약하므로 배수와 통풍이 잘되게 관리하고, 수송 중에도 무름병이 생기기 쉬우므로 비가 온 직후에는 수확하지 않는 것이 좋다. 8엽기~결구기까지 방제약제를 살포한다.

검은무늬병(흑반세균병, Black spot)

(1) 병징

잎과 잎자루 등을 침해한다. 처음에는 수침상으로 엽맥의 주변에 작은 반점을 형성하고 이것이 확대되면서 갈색다각형의 병반이 된다. 병반이 전면에 일률적인 색으로 변하고 여기저기에 암갈색의 무늬가 들어가는 특징이 있다. 병반은 차츰 엷어지고 비를 맞으면 파괴되어 구멍이 생긴다. 처음에는 외엽에 발병하지만 점차 결구엽에도 영향을 미친다. 심하게 발병한 경우에는 외엽이 차례차례 마르고 수량이 현저히 떨어지게 된다. 하지만 검은무늬병 때문에 식물체 전체가 무르는 증상은 나타나지 않는다.

(2) 병원체 : Xanthomonas campestris pv. campestri (Pamm.) Dows.

(3) 발생생태

병원균은 간상세균의 일종으로서 1~3개의 극생편모를 가진다. 발육적온은 25~27℃, 최저 0℃ 전후, 최고 29~30℃이며 pH 7.0 부근에서 가장 생육이 왕성하다. 무, 순무 등에도 발생한다. 배추 품종 간에 명확한 저항성의 차이가 있으며 '평총 1호'와 그 계통 품종은 강하고 '애지(愛知)' 등의 품종군은 약하다.

(4) 방제

해충을 제거하여 식물에 상처가 생기는 것을 막아준다. 검은무늬병은 세균병이기 때문에 동제 시 효과가 있지만 배추는 동제에 약하기 때문에 사용해서는 안된다. 세균병해의 무름병 약제인 스트렙토마이신제, 델란K 등 약제를 살포하여 방제한다.

점균병(Slime moid)

(1) 병징

잎과 줄기에 발생한다. 처음에는 잎에 까만 준구형의 포자낭이 나타나고 오랜 시간이 지나면 끈적끈적한 회백색의 변형체가 형성된다. 포자낭은 식물체에 부착할 수 있는 힘이 없어 잘 떨어진다. 식물체뿐만 아니라 토양과 퇴비 등에도 다량 부착되어 있다.

(2) 병원균 : Physarum sp.

원생동물계의 변형균문(變形菌門)에 속하며 포자낭과 변형체를 형성한다. 포자낭은 회색 내지 회흑색으로 직경이 2~4mm이다. 포자는 구형 내지 편구형의 단세포로 되어 있으며, 그 직경은 10~12μm이다. 병원균의 종에 대해서는 분류학적 검토가 필요하다.

(3) 발생생태

상추, 무, 배추 등의 재배지에서 간혹 발생한다. 특히 돈분(豚糞)을 시용한 시설 재배에서 피해가 크게 나타난다. 청결하지 않은 재배지에서 발생하기 쉽고, 노지에서는 발생이 매우 드물다.

(4) 방제방법

하우스 내 재배 시에는 미숙퇴비나 유기물의 시용을 피하고 완전히 부숙된 퇴비를 시비한다. 작물의 재배 중에는 시설 내 환기에 신경 써서 과습하지 않도록 관리한다.

뿌리혹병(Clubroot)

〈그림 2-21〉 배추 뿌리혹병

〈그림 2-22〉 뿌리혹병 이병지(우)와 건전지(좌)

(1) 병징

　발병주의 지상부는 건전주에 비하여 생육이 부진하게 되고, 병이 진전되면서 점점 시드는 증세가 심해진다. 생육 초기에 발병주는 푸른 상태로 시드는 증상이 나타난다. 생육 중기 이후에 발병된 주는 주로 하위엽만 시드는 증세를 보이거나 시드는 증세가 별로 나타나지 않기도 한다. 발병주의 뿌리는 이상비대 되어 작거나 큰 부정형의 혹이 여러 개 형성된다. 형성된 혹 모양이 식물체의 생육단계 및 감염 정도에 따라 다르게 보인다. 생육 후기에는 혹의 상처를 통해 세균이나 다른 균이 침입하여 뿌리가 부패되기도 한다.

(2) 병원체 : Plasmodiophora brassicae Woron.

(3) 발생생태

　발병은 토양산도 및 토양수분과 밀접한 관계가 있다. 토양이 산성일 경우에는 발병하기 쉽고 중성과 알칼리성일 경우에는 발병하지 않는다. 토양수분이 적을 경우에는 발병이 현저히 억제된다. 한편 지온과 기온이 18~25℃일 때 가장 발병이 많다.

(4) 방제

재배지는 토양이 과습하지 않도록 관리하고 수확 후에 혹을 제거하여 소각 처리한다. 또한 석회를 시용하여 토양의 산도를 pH 7.2 이상으로 교정하고 이병 토가 다른 재배지로 유입되지 않도록 주의한다. 상습적으로 발생하는 재배지에서는 윤작하여 재배하는 것이 좋다. 저항성 품종을 심으면 피해가 적고 약제 살포 효과도 좋아진다. 또한 유기물을 다량 투입하여 작물을 튼튼하게 하고, 발병하였던 밭에서는 예방적으로 후론사이드 또는 후루아지남 제제를 이용하여 방제한다.

노균병(Downy mildew)

〈그림 2-23〉 배추 노균병

(1) 병징

잎에 발생하며 초기에는 연한 황색의 작은 부정형 병반이 나타난다. 잎 뒷면에 하얀 곰팡이가 다량 형성된다. 병반의 형태는 엽맥에 노균병 특유의 불명확한 다각형을 이룬다. 발병이 심한 잎은 불에 그을린 것처럼 말라 죽는다. 처음부터 발병된 식물체는 생육이 억제된다.

(2) 병원균 : Peronospora brassicae Gaum.

(3) 발생생태

병원균은 조균류의 일종으로서 분생포자와 난포자를 형성한다. 이 균은 절대기생균(絕對寄生菌)으로 인공배양이 되지 않고 살아 있는 기주 식물체에만 기생한다. 3~25℃에서 번식하고 분생포자의 발아적온은 7~13℃이다. 포자낭은 단세포로 단생하는데 계란형 혹은 레몬형의 모습이다. 쉽게 이탈되어 공기 중으로 퍼진다. 포자낭의 크기는 24~27×12~22μm이고 난포자의 직경은 26~45μm이다. 포자낭은 직접 발아하여 기주를 침해한다. 유성세대인 난포자는 병든 식물체 내에서 환경이 불량해지면 형성되어 월동한다. 포자낭 형성과 발아 최적온도는 8~16℃이고 습도는 96% 이상 되어야 한다.

(4) 방제방법

병든 잎은 조기에 제거하여 소각 처리한다. 시설 내에서는 환기에 신경 쓰고, 토양이 과습하지 않도록 관리한다. 기타 방제는 흰무늬병에 준하여 방제한다.

그루썩음병(Pythium rot)

(1) 병징

유묘기에는 잘록 증상으로 엽육이 썩는 모양이 나타난다. 처음에는 지제부가 수침상으로 갈색을 띤다. 병징은 땅에 가까운 아랫잎부터 발생되어 속잎으로 진전하는데 주로 엽육이 심하게 썩는다. 아랫잎은 회갈색으로 변색되면서 세균무름병 같이 보이기도 하나 감염 부위가 물컹하게 썩지 않으며 악취도 없다는 차이가 있다.

(2) 병원균 : Pythium ultimum Trow

(3) 발생생태

병원균은 토양 속에서 월동 후 다시 발아하여 1차 전염원이 된다. 저온다습한 조건에서 발생이 심하지만 외부 병징은 고온 건조 시에 잘 나타난다. 병든 식물체 내에서 난포자 상태로 월동한 병원균은 이듬해에 토양온도가 10℃ 이상이 되면 다시 발아하여 활동을 시작한다. 병원균은 물을 따라 옮아가며, 관수 후 2~3일 내에 식물체로 침입한다. 전염원은 주로 토양에 존재하지만 관수로 전염될 수도 있다. 뿌리에 상처가 있을 때 침입이 용이하다. 작물이 습해를 받게 되면 병 발생이 더욱 조장된다.

(4) 방제

건전 토양에서 육묘하고 토양이 장기간 과습하지 않게 배수를 철저히 한다. 시설 또는 육묘상이 지나친 저온이나 고온이 되지 않도록 관리한다.

역병(Phytophthora root rot)

(1) 병징

발병주는 아랫잎이 시들고 연한 적갈색을 띤다. 진전되면 포기 전체가 심하게 시들고 결국 고사한다. 전 생육기에 발생할 가능성이 있고 생육 후기에 감염되면 뿌리 발달이 미약해진다. 내부가 갈색으로 변하며 아랫잎에 수침상의 병반이 나타나기도 한다. 역병의 증상은 뿌리혹병이나 뿌리마름병과 유사하다.

(2) 병원균 : Phytophthora drechsleri Pethyb&Lafferty

(3) 발생생태

토양이 장기간 과습하거나 침수되면 발생하기 쉽다. 병원균은 종자전염이 가능하지만 대부분의 전염원은 토양에서 유입된다. 병든 식물체 조직에서 균사나 난포자 상태로 월동 후 1차 전염원이 되는데, 토양 온도가 10℃ 이상 올라가면 활동하기 시작한다. 배추역병균은 국내에 널리 퍼져 있지만 아직까지 배추에는 큰 피해가 없는 것으로 생각된다.

(4) 방제

재배토양이 과습하거나 침수되지 않도록 배수를 철저히 하고 병든 포기를 뿌리 주변 흙과 함께 조기에 제거한다. 역병이 발생한 재배지는 3년 이상 윤작하고 작물의 정식 전에 재배토양을 소독처리하여 약해의 잔류위험이 없을 때 정식하여 재배한다. 고추와 토마토의 역병약제 등을 사용할 수 있을 것으로 생각되나 잔류 등을 고려하여야 한다.

뿌리마름병(Brittle root rot)

〈그림 2-24〉 배추 뿌리마름병

(1) 병징

뿌리의 지제부가 마른 상태로 잘록하게 썩어 들어간다. 잎이 푸른색으로 시든다. 진전되면 병든 식물의 생육이 점점 부진해진다. 생육 후기에는 결구가 불량해지며 비바람 등에 의해 쉽게 넘어진다.

(2) 병원균 : Aphanomyces raphani Kendr.

(3) 발생생태

크로미스타(Chromista)의 난균문에 속하는 균류로서 균사, 유주자, 난포자를 형성한다. 균사에는 격막이 없고 균사의 직경은 $4{\sim}10\mu$m이다. 유주자는 구형으로 유주자낭 내에서 형성되며, 직경이 $8{\sim}12\mu$m이다.

(4) 방제

발병 지배지는 비기주 작물과 윤작하고 건전한 상토를 사용하거나 상토를 소독한 후 육묘한다. 석회를 10a당 150~180kg 사용하면 발병 억제 효과가 있다. 토양습도가 높지 않도록 배수에 신경쓰고 작물 정식 전에 후루아지남 수화제 등 등록약제를 토양에 처리한다.

밑동썩음병(Bottom rot)

(1) 병징

지제부부터 발병이 시작된다. 처음에 외엽의 기부가 약간 수침상이 되고 짙은 갈색으로 변색한다. 이후에 변색이 위쪽과 결구의 내부까지 진행된다. 갈변 부위 조직이 연화되고 작은 힘만 가해도 용해되기 쉬운 상태가 된다. 병든 잎의 외측 및 지제부에 접하는 부근에 백색의 균총을 형성한다. 무름병의 병징과 유사하나 백색의 균사를 형성한다는 점이 다르다. 여름철 노지에서는 잎의 밑동보다는 잎 위쪽이 감염되어 썩어 가며 말라 죽는 경우도 있다. 밑동썩음병의 말기에는 무름병과 같이 발병하여 피해가 커지는 경우가 많다.

(2) 병원균 : Thanatephorus cucumeris (Frank)Donk

(무성세대: Rhizoctonia solani Kuhn)

(3) 발생생태

병원균은 담자균류의 일종으로 균핵과 담포자를 형성한다. 다범성균류로 160종의 식물에 기생한다. 피해식물의 잎에 붙어 균사나 균핵의 형태로 토양 중에 들어가 토양전염을 한다. 여름에 고랭지에서 재배하는 배추에 많이 발생하며, 습기가 많은 토양에서도 발병이 잘 된다. 잎의 밑둥썩음 증상은 시설하우스 재배 시 심각하게 발생한다. 여름철 장마기에는 간혹 노지에서 토양입자에 존재하던 병원균이 빗방울에 튀어 올라 잎의 상부를 침해하기도 한다.

(4) 방제

배추의 연작을 피하고 옥수수와 혼작하는 것이 좋다. 이병 식물체는 조기에 제거하고 시설하우스 재배 시 내부가 과습하지 않도록 관리한다.

균핵병(Sclerotinia rot)

〈그림 2-25〉 배추 균핵병

(1) 병징

잎과 밑둥에서부터 담갈색으로 변하면서 부패되며, 감염 부위에는 흰 균사가 자라고 후에 흑색 부정형의 균핵이 형성된다. 심하게 진전되면 내부까지 부패되나 악취는 발생하지 않는다.

(2) 병원균 : Sclerotinia sclerotiorum (Lid.) de bary, Sclerotinia minor Jagger

(3) 발생생태

　배추뿐만 아니라 상추, 꽃상추, 케일 등에도 침해하여 병을 일으킨다. 병원균은 병든 식물체의 조직과 토양 내에서 균핵의 형태로 월동하거나 감염된 식물체 내에서 균사 상태로 월동 후 발아하여 자낭반과 자낭포자를 형성한다. 자낭포자는 식물체의 약한 부위에 부착하여 침입하고 균핵 및 균사체로부터 발아하여 뻗어 나온 균사가 식물체를 직접 침해하기도 한다. 습도가 높고 기온이 15~25℃의 서늘한 상태에서 병 발생이 활발하다. 병원균은 배춧과, 가짓과, 콩과 등 많은 작물을 침해하여 균핵병을 일으킨다.

(4) 방제

　발병주는 주변 흙과 함께 제거한다. 시설 재배지에서는 저온다습하지 않도록 관리한다. 비닐을 멀칭하여 재배하고 담수가 가능한 곳에서는 여름철 장마기에 담수하여 균핵을 부패시킨다.

흰무늬병(Cercospora white spot)

〈그림 2-26〉 배추 흰무늬병

(1) 병징

　주로 잎에 발생하고 잎자루에서도 드물게 발생한다. 병반의 색이 흰빛을 띠어 흰무늬병이라는 병명이 있으나 조건에 따라서 갈색으로 되기도 한다. 처음에는 회갈색의 작은 반점을 형성하고 습도가 높을 때는 둘레가 수침상이 나타나며 빠르게 확대된다. 잎 하나에 많은 수의 병반을 만드는 것이 특징이며, 심하게 발병한 잎은 불에 쬐어 구운 것처럼 시들어 죽는다. 오래된 잎의 경우 침해되기 쉽고 바깥 잎부터 발병이 시작돼 심하면 결구 잎까지 침해된다.

(2) 병원균 : Pseudocercosporella capsellae (Ell. &Ev.) Deight.

  [동균이명 : Cercosporella brassicae (Fautr. & Roumeg.) von Hohnell]

(3) 발생생태

병든 잎의 조직 내에서 균사체 형태로 월동 후 분생포자를 형성하며 공기 전염한다. 고랭지에서 여름에 재배되는 작물에 발생이 많다.

(4) 방제

흰무늬병은 생육 중기에 다량 발생하기 쉽기 때문에 중기 이후 방제에 중점을 둔다. 비료의 부족은 병 발생을 조장하며, 특히 칼리질 비료가 부족하지 않도록 해야 한다. 흰무늬병에 등록된 약제는 없으나 노균병에 등록된 쿠퍼 수화제, 프로피 수화제가 효과가 있을 것으로 추정된다. 생육 중기 이후에 발병 상태에 주의하면서 7~10일 간격으로 살포한다.

흑반병(Black spot)

〈그림 2-27〉 배추 흑반병

(1) 병징

잎에 발병한다. 처음에 담갈색 원형의 작은 병반을 형성하고 진전되면 확대되어 지름이 1cm 전후의 원형병반이 나타나고 동심윤문을 형성한다. 흰무늬병의 병반이 흰빛인 반면에 흑반병은 약간 암갈색이 되는 점이 다르다. 병반은 수침상으로 빠르게 넓어진다. 발병은 바깥 잎부터 진행되어 서서히 내부까지 확산되며 건조해지면 병반이 찢어지기 쉽고 구멍이 생긴다.

(2) 병원균 : Alternaria brassicae (Berk.) Sace.

(3) 발생생태

종자나 병든 잎에서 균사 혹은 분생포자의 형태로 생존하다가 분생포자를 형성하며 공기전염한다. 시설 재배보다는 노지 재배에서 8~10월에 많이 발생한다.

(4) 방제

병에 잘 걸리지 않는 품종을 선택하여 재배하고 작물의 생육 중에 비료가 부족하지 않도록 균형시비를 한다. 기타 흰무늬병에 준하여 방제한다.

탄저병(Anthracnose)

(1) 병징

주로 잎에서 발생하며 후에 줄기와 꼬투리에도 발생한다. 잎에서는 흰색의 원형 내지 타원형 반점으로 초기 증상이 나타난다. 진전되면 병반이 부정형으로 확대되면서 병반의 내부는 회색 내지 회황색을 띠고, 테두리는 흑색을 띠게 된다. 심하게 감염된 잎에서는 병반이 융합하여 커지면서 잎이 말라 죽는다.

(2) 병원균 : Colletotrichum higginsianum Sace.

(3) 발생생태

병원균은 병든 식물체 조직이나 종자에서 균사 혹은 분생포자의 형태로 월동 후, 분생포자를 형성하여 공기전염을 한다. 주로 여름과 가을의 노지에서 많이 발생한다.

(4) 방제

저항성 품종을 재배하고 수확 후에는 병든 잎을 제거하여 재배지를 청결하게 유지한다.

시들음병(Fusarium wilt)

(1) 병징

발병주는 하위 잎이 활력을 잃고 생육이 불량해지며 그루 전체가 시든다. 주로 생육 중기 이후에 발생한다. 병이 진전되면 포기 전체가 심하게 황화되면서 고사한다. 때때로 감염된 식물체는 오랫동안 죽지 않고 매우 불량한 생육 상태를 보일 때도 있다. 병원균 뿌리의 도관부에 수분이 상승하는 통로를 막기 때문에 시들음 증상을 일으킨다. 뿌리 내부를 잘라보면 도관부가 암갈색으로 변해 있다.

(2) 병원균 : Fusarium oxysporum Schlect. : Fr

(3) 발생생태

시들음병균은 불완전균류의 일종으로서 분생포자와 후막포자를 형성한다. 양배추의 시들음병균과 동일한 종이지만 기생성에 차이가 있다. 무의 균은 무만 심하게 침입해서 양배추 이외에 배춧과 작물에는 기생성이 약하다. 병원균은 피해 뿌리와 함께 토양 중에 잔존해 있어 분생포자와 균사의 대부분이 후막포자로 변하고 이 형태로 생존하다가 전염원으로 작용한다. 시들음병의 발육적온은 25~27℃, 최저 7℃, 최고 35℃이다. 발병 최적 지온은 26~29℃이다.

(4) 방제

연작을 피하고 병 발생이 심한 토양은 석회 시용으로 토양산도를 높여 준다(pH 6.5~7.0). 토양 선충에 의해 뿌리가 상처 나지 않도록 작물 정식 전에 재배토양을 소독처리하고 약해의 위험을 없앤 후 재배한다. 미숙퇴비 시용을 금하고 토양 내 염류농도가 높지 않도록 주의한다. 토양을 장기간 담수하거나 태양열 소독을 하면 병원균의 밀도를 낮출 수 있다.

비단노린재(노린재목 : 노린잿과)

(1) 피해

무, 배추, 유채 등의 줄기나 잎에서 즙액을 빨아먹는다. 흡즙 부위는 백색으로 변색되고 심하면 누렇게 말라 죽는다.

(2) 형태

성충은 길이가 8~9mm로 몸 전체가 흑색이고 머리 끝부분 주위는 주황색을 띤다. 가슴과 날개 가장자리에 주황색의 무늬가 쳐져 있다. 작물의 잎이나 줄기에 두 줄로 산란한다. 주황색 바탕에 흑갈색의 줄무늬가 옆으로 나 있다. 알에서 깨어난 약충은 대체로 원형이며, 머리는 검은색이고, 가슴은 검은색 바탕에 주황색 점이 3개 있다. 각 마디의 가장자리마다 주황색 줄이 둘러져 있다.

(3) 발생생태

성충은 이른 봄부터 가해작물에 모여 즙액을 빨아 먹는다. 잎 뒷면이나 줄기에 수십 개의 알을 무더기로 낳는데, 1주일 정도 지나면 알이 부화한다. 성충과 약충은 아침이나 저녁에는 잎 뒷면에 숨어 있다가 낮에 잎 위나 줄기에 올라와 활동한다. 손으로 건드리면 바로 떨어지는 습성이 있다.

(4) 방제

비단노린재 방제용으로 등록된 약제는 없다. 진딧물이나 나방류 방제 시 동시에 방제한다.

복숭아혹진딧물(매미목 : 진딧물과)

〈그림 2-28〉 배추 진딧물 피해

(1) 피해

배추나 무에 주로 발생하는 진딧물로 복숭아혹진딧물, 무테두리진딧물이 가장 많이 발생하는 우점종이다. 약충과 성충이 잎 뒷면에 기생하면서 식물체의 즙액을 빨아먹는다. 피해 입은 잎은 오그라지거나 마른다. 진딧물이 분비하는 감로(甘露)에 의해 그을음병이 유발되기도 한다.

(2) 형태

유시충은 길이가 2.0~2.5mm로서 녹색, 연황색, 황갈색, 핑크색 등 체색 변이가 심하다. 제3배마디 등판부터 뿔관 밑부분까지 검은 무늬로 덮여 있고, 무늬의 양쪽에 돌출부가 2개씩 있다. 뿔관은 황갈색이거나 거무스름한 갈색으로 원기둥 모양이다. 무시충은 길이가 1.8~2.5mm로 연한 황색, 녹황색, 녹색, 분홍색, 갈색 등을 띠지만 때로는 거무스름하게 보이는 것도 있다. 뿔관 중앙부가 부풀고 끝부분이 볼록한 편이며, 끝부분에 테두리와 테두리 띠가 있다.

(3) 발생생태

빠른 것은 연 23세대, 늦은 것은 9세대를 경과하고 겨울기주인 복숭아나무의 겨울눈 기부 내에서 알로 월동한다. 3월 하순~4월 상순에 부화한 간모는 단위생식으로 증식한다. 5월 상중순에 다시 겨울기주로 옮겨 6~18세대를 경과한 뒤 10월 중하순에 다시 겨울기주인 복숭아나무로 이동하여 산란성 암컷과 수컷이 되어 교미 후 11월에 월동란을 낳는다. 약충은 주로 녹색계통이지만 여름기주에서는 녹색계통과 적색계통이 같이 발생하는 경우가 많다.

(4) 방제

봄철에 다른 해충과 마찬가지로 화학적 방제법을 비롯하여 무와 배추가 싹트는 시기에 망사나 비닐 등을 이용하여 진딧물의 유입을 차단하는 것이 좋다. 진딧물은 직접적인 피해도 심각하지만 바이러스병을 매개하여 문제가 되고 있다. 바이러스병은 약제로는 방제할 수 없기 때문에 바이러스를 옮기는 진딧물을 방제해야 한다. 따라서 생육 초기부터 철저한 진딧물 방제가 필요하다. 효과적인 방제약제라 하더라도 한 약제를 계속 사용하면, 진딧물같이 연간 세대수가 많고 밀도증식이 빠른 해충에는 급속한 약제 저항성이 유발될 수 있으므로 동일계통이 아닌 약제를 번갈아 살포하여 방제한다.

배추좀나방(나비목 : 좀나방과)

〈그림 2-29〉 배추좀나방 피해

(1) 피해

배추좀나방 유충은 배추, 무, 양배추 등 배춧과 채소와 냉이 등의 잎에 많이 발생한다. 유충은 건드리면 실에 매달려 밑으로 떨어지기도 한다. 크기가 작아 한 마리의 섭식량은 적지만 1주당 기생 개체 수가 많으면 피해가 심하다. 알에서 갓 깨어난 어린 벌레가 초기에는 엽육 속으로 파고 들어가 표피만 남기고 식해하다가 자라면서 잎 뒷면에서 식해하고 흰색의 표피를 남긴다. 심각하면 잎 전체를 식해하여 엽맥만 남는다. 배추에서는 유묘기에 많이 발생하며 잎 전체를 식해하고 생육을 저해하거나 말라 죽게 한다. 3~4령 유충이 주당 30마리 정도 발생하면 외부 잎을 심하게 식해하고 결구된 부분까지 침입하여 상품 가치를 떨어뜨린다.

(2) 형태

성충은 길이가 6mm 정도로 다른 나방류 해충들에 비해 작다. 앞날개는 흑회갈색 또는 담회갈색이다. 날개를 접었을 때 등쪽 중앙에 회백색의 다이아몬드형 무늬가 있는데 암컷에 비해 수컷에서 더욱 뚜렷하다. 알에서 갓 깨어난 어린벌레는 담황갈색을 띠지만 자라면서 점차 녹색으로 변한다. 다 자라면 길이 10mm 내외에 머리 부분은 담갈색이고 몸은 진한 녹색을 띠는 방추형 유충이 된다.

(3) 발생생태

겨울철 월평균 기온이 0℃ 이상 되는 지역에서 월동이 가능하며, 7℃ 이상이면 발육과 성장이 가능하다. 따라서 우리나라의 남부 지방에서는 노지에서도 월동이 가능하다. 발생량이 많은 늦봄~초여름 사이에는 1세대 기간이 20~25일 정도로 발육 속도가 빨라 재배지에서 알, 애벌레, 번데기, 성충을 한 번에 볼 수 있다. 일반적으로 남부 지방에서는 봄부터 초여름까지 많이 발생하며 여름부터 밀도가 낮아져 가을까지 적게 발생하나 해에 따라 가을에도 발생이 많은 경우가 있다. 고랭지 채소 재배 지역에서는 평야지보다 1~2개월 늦은 8월 하순~9월 상순에 발생 최전성기를 보인다.

(4) 방제

연간 발생 세대수가 많고 약제 저항성이 쉽게 유발되어 방제가 어려워지고 있다. 배추좀나방 유충은 발육 정도에 따라 살충률에 큰 차이가 있어서 3~4령의 유충과 번데기는 살충제에 대한 감수성이 낮으므로 방제 효과가 떨어진다. 일반 재배지에서는 알, 유충, 성충이 혼재되어 발생하기 때문에 다발생 시에는 7~10일 간격으로 2~3회의 약제를 살포한다. 어린 유충은 엽육 내에 잠입해 있고 3~4령 유충은 잎 뒷면에서 식해하므로 약액이 작물 전체에 고루 묻도록 뿌려야만 방제 효과를 높일 수 있다. 일단 약제 저항성이 유발되면 오랜 기간 지속되기 때문에 약제 선택과 방제 시기 및 횟수 등에 주의하여 저항성이 유발되지 않도록 한다. 효과적으로 방제하기 위해서는 적합한 약제 선택이 무엇보다도 중요하다. 약제를 선택할 때에는 반드시 작용 특성이 다른 계통의 약제를 선택해야 하며, 동일 약종을 2~3회 이상 연용하지 말아야 한다. 약제 방제 외에 피복재료를 이용하여 해충을 차단하는 방법, 기생봉 등 천적류를 이용한 생물적 방제, 성페로몬을 이용한 교미 교란으로 발생 밀도를 줄이는 방법 등 여러 가지가 시도되고 있다.

배추순나방(나비목 : 잎말이나방과)

(1) 피해

유충이 싹튼 생장점 부근을 갉아 먹어 피해를 준다. 성장하면서 잎 가장자리나 속의 고갱이를 먹으므로 배추는 포기가 누렇게 말라 죽는다. 남부 지방에 주로 발생한다.

(2) 형태

몸 전체가 회색인 작은 나방이다. 앞날개는 약간 황색이고 중앙에 흑색의 콩팥무늬가 있으며 1/3 위치에 2개의 물결무늬가 있다. 머리는 흑색이며 2개의 불분명한 점무늬가 있다. 뒷다리는 길며 마디에 긴 털이 나 있다. 알은 타원형이며 세로로 주름이 있고 부화가 가까워지면 등황색으로 변한다. 유충은 길이 12mm가량이다. 머리 부분이 흑갈색이며 횡선이 있고, 몸 마디마다 작은 흑색 점과 가는 털이 나 있다. 노숙유충은 잎을 말고 그 속에 들어가 용화하며, 번데기는 갈색으로 10mm 정도이다.

(3) 발생생태

1년에 2~3회 발생한다. 번데기로 겨울을 지낸다. 4월에 제1회 성충이 발생하여 배춧과 채소나 담배의 순에 알을 낳는다. 알에서 깨어난 1령 유충은 잎 표면을 기어다니며 갉아 먹지만, 2령부터는 잎을 실로 묶고 그 속에 들어가서 낮에는 실로 묶은 잎 속에서 먹고 밤에는 기어 나와서 갉아 먹는다. 5령이 되면 실로 묶은 잎 속에 들어가 있으면서 황색으로 변하고 번데기가 된다. 제2회 성충은 6월에, 제3회 성충은 8월에 발생한다. 고온에 비가 많이 오면 발생량이 많아져서 피해가 심각해진다. 성충 수명은 10일 정도이다.

(4) 방제

온도가 높고 비가 많이 올 때 심하게 발생하므로 자주 발생하는 지역에서는 본잎이 나올 때 1주 간격으로 적용약제를 2~3회 뿌려 준다.

도둑나방(나비목 : 밤나방과)

(1) 피해

봄과 가을에 피해가 심각하고 결구채소의 속으로 파고 들어가며 식해하기도 한다.

(2) 형태

성충의 날개 편 길이는 40~47mm이고 전체가 회갈색~흑갈색이며 앞날개에 흑백의 복잡한 무늬가 있다. 유충은 녹색 또는 흑녹색으로 색채 변이가 심하다. 노숙유충은 길이가 40mm로 머리는 담녹색~황갈색, 몸은 회녹색에 암갈색 반점이 많아 지저분하게 보인다. 기주식물 및 온도에 따라 녹색을 띠는 경우도 있다.

(3) 발생생태

연 2회 발생하며 여름 고온기에는 번데기로 하면하고 2회 성충은 8~9월에 나타난다. 고랭지 저온 지대에서는 한여름에도 발생이 많다. 성충은 해질 무렵부터 활동하기 시작하여 오전 7시경 산란하고 낮에는 마른잎 사이에 숨어 지낸다. 노숙하면 땅속에서 번데기가 된다. 어린 유충은 잎 속에서 잎살만 갉아 먹지만 자라면서 잎 전체를 폭식하므로 피해 받은 작물은 엽맥만 남는 경우도 있다.

(4) 방제

유충이 자라면서 배추 포기 속으로 들어가기 때문에 약제에 노출될 기회가 줄어들어 방제하기 어려워진다. 이를 막기 위하여 적절한 약제를 발생 초기에 처리하면 효과가 있다.

파밤나방(나비목 : 밤나방과)

(1) 피해

파밤나방 피해는 남부 지방에서 많이 발생한다. 기주 범위는 채소에서 화훼류까지 매우 넓으며 피해가 심하다. 배추에 심하게 발생하면 엽맥만 남기고 폭식하는 경우까지 있다.

(2) 형태

성충은 길이가 15~20mm에 날개 편 길이 25~30mm 전후로서 같은 속의 담배거세미나방보다 약간 작은 편이다. 몸은 전체적으로 밝은 회갈색이고 앞날개 중앙부에 황갈색의 원형 반문이 있지만 날개나 반문의 색깔이 개체에 따라 다소 차이가 있다. 알은 0.3mm 내외의 구형이다. 담황색으로 잎 표면에 좁고 길게 20~30개씩 난괴로 산란한 뒤 인편으로 덮어둔다. 부화 유충은 길이가 1mm정도이고 다 자라면 약 35mm까지 성장한다. 어린 유충은 담록색에서 흑갈색에 가까운 것까지 색깔이 다양하다.

(3) 발생생태

노지에서 연 4~5회 발생한다. 고온성 해충으로 기온 25℃에서 알부터 성충까지 28일 정도 소요되고 1마리의 암컷이 20~50개씩 난괴로 총 1,000개 정도를 산란하므로 8월 이후 고온에서 발생량이 많을 것으로 추정된다.

(4) 방제

비교적 어린 1~2령 유충 기간에는 약제에 대한 감수성이 있는 편이지만 3령 이후의 노숙유충이 되면서 약제에 대한 내성이 증가한다. 따라서 재배지를 잘 관찰하여 발생 초기에 전용약제를 5~7일 간격으로 2~3회 살포하는 것이 좋다. 일본 등에서는 성페로몬(성유인물질)에 의한 방제로 효과를 보고 있다.

씨자무늬거세미나방(나비목 : 밤나방과)

(1) 피해

채소와 전작물 등에 피해를 주며, 다 자란 유충은 밤에만 활동한다. 월동 유충은 어린 모의 뿌리 부근을 잘라 먹는다.

(2) 형태

성충은 길이가 18mm 정도이며, 날개 편 길이는 38~46mm이다. 앞날개 중앙부 앞쪽에 연한 황갈색의 삼각형 무늬가 있다. 유충은 몸 마디의 등면마다 검은색의 八자 무늬가 있다.

(3) 발생생태

성충은 연 2회, 5~6월과 8~9월에 발생한다. 밤에 작물 뿌리 부근에 1개씩 알을 낳아서 일생 동안 총 200개 이상 산란한다. 알로 있는 기간은 10일, 유충 기간은 1개월 정도이다. 다 자란 유충은 땅속에 파고 들어가 번데기가 된다. 유충인 상태로 월동한다.

(4) 방제

도둑나방 방제법에 준하여 방제한다.

검은은무늬방나방(나비목 : 밤나방과)

(1) 피해

유충이 양배추, 배추, 무, 당근, 우엉, 콩, 고구마 등의 잎을 불규칙하게 식해한다. 주로 산간 고랭지에서 피해가 많은 것으로 알려져 있다.

(2) 형태

성충의 날개 편 길이는 34~40mm이고 앞날개 중앙에 은색점이 2개 있다. 다 자란 유충은 길이가 35mm 정도이며, 녹색 몸에 등면에는 흰색 줄이 있다. 자벌레처럼 기어다닌다.

(3) 발생생태

유충인 상태로 월동하지만 따뜻한 지역에서는 여러 모습으로 발견된다. 연 3~5회 발생한다. 유충 기간은 1개월 정도로 다 자란 유충은 잎 앞면에 고치를 짓고 그 속에서 번데기가 된다.

(4) 방제

배추흰나비 등과 동시에 약제를 살포한다.

양배추은무늬밤나방(나비목 : 밤나방과)

(1) 피해

유충이 배추, 양배추, 무, 우엉 등의 잎 뒷면에서 엽육을 가해한다. 주로 여름부터 가을까지 발생하나 집단으로 발생하지는 않는다.

(2) 형태

성충은 17mm 정도 길이이며, 날개 편 길이는 23~30mm이다. 앞날개 중앙의 은색무늬는 흰색에 가깝다. 다 자란 유충은 길이가 35~40mm 정도에 황록색이다.

(3) 발생생태

월동태와 연간 발생 횟수는 불분명하지만 6월부터 성충이 출현하여 잎 뒷면에 1개씩 산란한다. 25℃에서 알 기간은 4일, 유충 기간은 13일, 번데기 기간은 7~8일 내외이다.

(4) 방제

양배추에서는 늦여름부터 가을까지 발생하므로 이 시기에 배추흰나비와 동시에 방제한다.

배추흰나비(나비목 : 흰나빗과)

〈그림 2-30〉 배추 흰나비 유충(청벌레)

(1) 피해

배추나 무밭에서 흔히 볼 수 있는 해충으로 유충이 어릴 때에는 배춧과 식물의 잎을 표피만 남기고 엽육을 가해하지만 다 자라면 엽맥만 남기고 폭식한다. 특히 봄과 가을에 피해가 많다.

(2) 형태

발생 시기와 암수에 따라 성충의 모양이 다르다. 암컷은 몸 전체가 백색이며, 길이 20mm 내외에 날개를 편 길이가 50~60mm이다. 수컷은 암컷보다 몸이 가늘고 검은 반점이 작으며, 암컷보다 더 희다. 봄에 나오는 것은 빛이나고 여름에 나오는 것은 희고 작은 편이다. 앞은 황색의 원추형이다. 유충은 30mm 정도까지 자라며, 전체가 초록색이고 잔털이 많이 나있다. 숨구멍 주위에 검은 고리 무늬가 있고 숨구멍 선에는 노란 점이 늘어서 있다.

(3) 발생생태

연 4~5회 발생한다. 가해 식물과 근처의 수목 또는 민가의 담벽이나 처마에 붙어 번데기 상태로 겨울을 지낸 뒤에 이른 봄부터 성충이 되어 배춧과 식물의 잎 뒷면에 알을 낳는다. 알에서 깨어난 애벌레는 바로 잎을 가해하기 시작한다. 다 자란 애벌레는 잎 뒷면이나 근처의 적당한 장소에서 번데기가 되고, 우화(羽化)하여 세대를 되풀이한다. 배추흰나비는 가을 김장무와 배추가 자라는 시기까지 계속 발생하기 때문에 봄부터 가을까지 모습을 볼 수 있다.

(4) 방제

유충은 약제 감수성이 커서 일반 살충제에도 잘 죽으므로 발생 정도를 봐서 피해가 우려되면 약제를 1~2회 살포한다. 피해가 있는 포기에서는 유충을 잡아 죽인다.

벼룩잎벌레(배추벼룩잎벌레)

(1) 피해

성충은 주로 배춧과 채소의 잎을 식해해서 구멍을 만든다. 배추와 무에서는 어린 모에 피해가 많고 식물체가 자라면서 생육 초기의 피해로 인한 구멍이 커져서 상품가치가 떨어진다. 유충은 무와 순무의 뿌리 표면을 불규칙하게 식해하고, 흑부병(黑腐病) 발생의 원인이 되기도 한다. 늦은 봄부터 여름까지 피해가 심각하다.

(2) 형태

성충은 길이가 2~3mm의 타원형이며 전체적으로 흑색을 띤다. 성충의 날개딱지에는 굽은 모양의 황색 세로띠가 2개 있다. 위협을 받으면 벼룩처럼 튀어 도망간다. 다 자란 유충은 8mm 정도 길이로서 몸통이 유백색이고 머리는 갈색이다. 토양 중의 흙집 속에서 용화한다. 번데기는 2~3mm의 크기이다.

(3) 발생생태

성충으로 월동하고 연 3~5회 발생한다. 낙엽, 풀뿌리, 흙덩이 틈에서 월동한 성충이 3월 중하순부터 출현하여 4월부터 약 한 달간 작물의 뿌리나 얕은 흙 속에 1개씩 총 150~200개의 알을 낳는다. 성충 밀도가 5~6월경에 증가하지만 여름철에는 다소 줄어든다.

(4) 방제

생육 초기의 방제가 중요하므로, 씨를 뿌리기 전에 토양 살충제를 처리하여 땅속의 유충을 방제하고 싹이 튼 후나 정식 후에는 희석제를 뿌려 방제한다.

좁은가슴잎벌레(무잎벌레)

(1) 피해

가을에 파종하는 무와 배추 등 배춧과 채소의 피해가 심하다. 성충이나 유충이 잎을 갉아 먹어 구멍이 뚫리면 잎이 마치 그물처럼 보이게 된다. 심한 경우에는 잎줄기와 잎자루의 연한 부분까지 먹으며, 어린 식물을 전부 먹어버리기도 한다. 유충은 무나 순무 등의 뿌리 표면에 불규칙한 홈을 만들어서 식해한다.

(2) 형태

성충은 길이가 4mm 내외로서 광택이 나는 흑남색~청남색의 타원형 벌레이며, 무당벌레처럼 등 쪽이 볼록하기에 옆에서 보면 반달모양처럼 보인다. 작물이 어릴 적에는 잎자루나 어린 줄기의 윗 부분에 알을 낳지만, 작물이 성장함에 따라 잎의 양면에 홈을 만들고 그 속에 산란한다. 유충은 방추형으로 알에서 깨어난 직후에는 엷은 황록색이지만 자라면서 점차 거무스름해진다. 유충의 각 마디마다 육질돌기와 강한 털들이 나 있다. 유충은 땅속에 흙집을 만들고 그 속에 들어가 황색의 반구형 번데기가 된다.

(3) 발생생태

성충으로 재배지 근처의 잡초, 채소, 돌담 사이 등에 숨어 월동한다. 보통 봄과 여름을 지나 늦은 여름에서 가을사이에 출현한다. 봄에 출현한 개체는 연 2~3세대를 거치며, 가을에 출현한 개체는 연 1~2세대를 거친다. 성충은 상당히 긴 기간 동안 산란한다. 알 기간은 이른 가을에는 5~7일, 기온이 떨어지면 10일 정도 걸린다. 유충 기간은 2~3주이고 번데기 기간은 4~8일 정도로 1세대를 마치는데 1개월 정도 소요된다. 성충은 날지 못하고 걸어서 이동한다.

(4) 방제

전 해에 많이 발생했던 지역에서는 씨를 뿌린 후 싹트기 전부터 방제해야 하며, 다른 해충 방제 시 동시에 방제한다.

무고자리파리(파리목 : 꽃파릿과)

(1) 피해

유충의 피해를 입은 무는 뿌리가 검게 썩어서 먹을 수 없게 되고, 배추나 양배추는 시들어서 지상부 생육이 크게 불량해진다.

(2) 형태

성충은 7mm 정도로서 집파리보다 약간 작다. 전체적으로 암회색을 띠며, 가슴과 등 쪽에 검은 선이 세 줄 있다. 날개는 투명하고 밑부분은 황색을 띤다. 유백색의 바나나형 알을 기주식물의 뿌리 부근에 낳는다. 다 자란 유충은 8~10mm로 유백색이고, 머리 부분은 뾰족하다. 번데기는 타원형으로 적갈색을 띠며 6mm 정도이다.

(3) 발생생태

연 1회 발생하고, 번데기 상태로 땅속에서 겨울을 지낸다. 8월 중하순에 성충이 나타나 기주식물의 뿌리 근처에 알을 낳는다. 성충은 메밀이나 기타 잡초의 꽃에 모여 꿀을 빨아 먹으므로 이 같은 장소 주위의 피해가 심각하다. 알 상태로 있는 기간이 10일 전후이고, 유충 기간은 한 달 정도이다. 다 자란 애벌레는 10월 상순경에 땅속에 들어가 번데기가 된다.

(4) 방제

현재 무고자리파리 방제약제로 등록된 것은 없지만, 파종 전에 다수진분제를 재배지 전면에 골고루 뿌리고(3~6kg/10a) 흙과 잘 섞어주는 것이 도움이 된다. 연작지역에서 피해가 심하므로 매년 발생되는 지역에서는 돌려짓기를 실시한다.

무잎벌(벌목 : 잎벌과)

(1) 피해

유충이 배춧과 채소 등의 잎을 갉아 먹는다. 피해 흔적이 배추흰나비나 밤나방 유충의 형태와 비슷하지만, 큰 잎줄기만을 남기고 가장자리부터 갉아 먹는다는 점이 다르다. 봄부터 가을까지 발생하여 특히 가을에 피해가 심각하다.

(2) 형태

성충은 길이가 7mm 내외이고, 날개를 편 길이는 12~14mm 내외이다. 머리는 흑색이고, 가슴은 등황색이다. 날개는 약간 어두운 회색인데 특히 앞날개의 기부(基部)는 색이 진하다. 알은 직경 0.7mm의 원형으로 옅은 녹색을 띤다. 잎의 조직 속에 산란된다. 유충은 전체가 탁한 남색에 가는 가로 주름이 많이 있고 광택이 난다. 가슴은 약간 부풀었고 성장하면 길이가 15~20mm에 달한다.

(3) 발생생태

1년에 2~3회 발생해서 다 자란 유충은 땅속에서 흙 사이에 고치를 짓고 그대로 월동한다. 4월 하순경부터는 제1회 성충이 나타난다. 우화 후 수일 내에 교미(交尾)해서 알을 낳는다. 알은 잎 조직 중에 하나씩 낳고, 산란된 부위는 약간 부풀어올라서 1~2주일 후에 유충이 부화한다. 1령 유충은 처음에는 잎에 작은 구멍을 뚫으면서 섭식하다가 성장하면 잎의 가장자리부터 불규칙하게 갉아 먹는다. 10~20일 만에 유충 발육을 마치고 땅에서 번데기가 된다. 이른 아침과 흐린 날에는 잎 뒤에 숨었다가 맑은 날에 잎 위에 나타나 피해를 준다.

(4) 방제

통풍을 양호하게 하고 작물을 솎아 주어 튼튼하게 하는 것이 중요하다. 애벌레의 피해가 보이면 적용약제를 살포한다.

민달팽이(병안목 : 민달팽잇과)

(1) 피해

광식성으로 하우스에 재배하는 거의 모든 채소류와 화훼류에 피해를 준다. 흐린 날이나 밤에서 새벽 사이에 작물의 지상부를 폭식한다. 몸 표면에 끈끈한 액을 분비하며 이동하므로 피해 부위에는 분비액과 함께 지저분한 부정형의 구멍이 많이 뚫려 있게 된다. 피해가 심한 잎은 엽맥만 남아 거친 그물모양이 된다.

(2) 형태

성충은 길이가 약 60mm이며 보통 담갈색을 띠지만 변이가 많다. 등 쪽에 3개의 흑갈색 세로줄이 있으며 양측에 2개의 세로줄이 뚜렷하다. 알은 투명하고 계란형꼴로 여러 개가 목걸이처럼 연결되어 있는 경우가 많다.

(3) 발생생태

연 1회 발생해서 흙덩이 사이나 낙엽 밑의 습기 많은 곳에서 성체로 월동한다. 이듬해 3월경이 되면 활동을 시작하여 6월까지 작은 가지나 잡초에 30~40개의 난괴로 알을 낳는다. 부화한 어린 것은 가을에 성체가 되어, 낮에는 주로 하우스 내의 어두운 곳인 화분 밑이나 멀칭한 비닐 밑에서 숨어 있다가 밤이 되면 나와서 활동한다.

(4) 방제

발생이 많은 곳에서는 은신처가 되는 작물과 잡초 등을 제거하고 토양 표면을 건조하게 유지하는 것이 좋다. 민간요법으로 맥주를 컵에 담아 땅 표면과 일치되도록 묻으면 달팽이들이 유인되어 빠져 죽는다. 오이를 썰어 시설 내의 지표면에 깔아 두었다가 유인된 달팽이를 모아서 죽일 수도 있다.

들민달팽이(병안목 : 민달팽잇과)

(1) 피해

　　민달팽이와 습성이 거의 비슷하여 온실 내의 습한 장소에서 해를 끼친다. 피해 부위에는 달팽이의 분비물로 인해 기어다닌 자리만큼 투명한 광택이 나며 가늘고 구불구불한 검정색 배설물이 남아있기도 하다. 피해가 심한 잎은 도둑나방 유충의 식흔과 비슷하게 그물모양의 줄기만 남는다.

(2) 형태

　　민달팽이같이 껍질이 없는 달팽이로서 어디에서나 흔히 볼 수 있다. 크기가 30~40mm로 민달팽이보다 작다. 몸이 흑갈색이고 민달팽이에 있는 세로줄이 없다. 알이 계란형으로 초기에는 투명하나 점차 유백색으로 변화한다.

(3) 발생생태

　　연 2회 발생하며 겨울에는 토양 속이나 낙엽 밑 등 습기가 있는 장소에서 월동하고, 봄과 가을에는 지표면이나 낙엽 밑에 산란한다. 마리당 산란 수는 약 300개 내외이며, 봄에 산란된 알은 가을에 성체가 되어 다시 알을 낳는다. 온실에서는 연중 해를 끼친다. 낮에는 화분 밑이나 멀칭비닐 속에 숨어 있다가 밤이나 흐린 날 식물체로 올라와 가해한다.

(4) 방제

　　민달팽이 방제법과 동일하다. 습기가 있는 장소, 화분 밑, 낙엽 밑에 잠복하므로 온실을 너무 습하지 않게 관리하고 잠복처가 될 만한 곳을 없애준다. 석회를 시용하여 산도를 조정하거나 유인살충제(메타알데하이드)를 사용하여 유살할 수도 있다.

명주달팽이(병안목 : 달팽잇과)

(1) 피해

　　봄과 가을에 피해가 크고, 발아 후 유묘기에 많이 발생하면 피해가 크기 때문에 주의해야 한다. 식물이 성장하면 어린잎과 꽃을 식해하며, 피해 증상은 나비목 해충의 유충피해와 비슷하지만 달팽이가 지나간 자리에 점액이 말라붙어 있어 햇빛에 하얗게 반사되는 점으로 구별할 수 있다. 낮에는 지제부나 땅속에 잠복하다가 주로 야간에 식물체의 잎과 꽃을 가해한다. 흐린 날에는 주야를 가리지 않는다.

(2) 형태

어린 개체의 껍질은 3~4층이며, 껍질 직경은 0.7~0.8mm이다. 성체는 5층에 껍질 색깔은 담황색 바탕에 흑갈색 무늬를 띠는 개체가 많으나 지역, 시기에 따라 변이가 크다. 알은 2mm 정도의 구형이며 유백색을 띤다.

(3) 발생생태

연 1~2회 발생한다. 겨울에는 성체 또는 유체로 몸체를 껍질 안에 집어넣고 땅속에 반매몰된 상태로 월동한다. 3~4월부터 활동하기 시작하며, 성체는 자웅동체가 되어서 4월경부터 교미에 의해 정자낭을 교환한다. 교미 뒤에 약 7일이 지나면 2~3cm 깊이의 습한 토양에 3~5개씩 산란하며, 1마리당 100개 내외의 알을 낳는다. 알이 15~20일 만에 부화하고 부화한 어린 달팽이는 가을까지 식해한다.

(4) 방제

토양 중에 석회가 결핍되면 달팽이 발생이 많아지므로 석회를 시용한다. 온실 내의 채광과 통풍을 조절하고 습기를 줄여 발생을 억제한다. 발생이 많을 때에는 유인제를 이용하여 유살한다.

〈그림 2-31〉 배추달팽이 피해

배추

수확 및 수확 후 관리

01 수확기의 판정

　배추는 수확기가 늦어지면 장다리 발생, 깨씨무늬 증상, 내부 갈변 등의 발생이 심해지고 중륵이 두꺼워져 상품성이 저하되므로 적정 수확 시기에 수확해야 한다. 배추 수확기의 판정은 작기별로 파종 후 일수와 결구의 단단한 정도를 가지고 판단한다. 저장을 위한 배추는 결구도가 80~90%로서 잎이 잘 들어차고 비교적 단단할 때가 적당하다. 결구도가 부족한 것은 중량이 적고 잎이 들어차지 못해 저장 후에 판매 할 때 상품성이 떨어진다. 이에 반해 결구도가 100%에 가까운 속이 꽉 찬 배추는 장기간 저장이 어려우므로 수확 후 빠른 시간 내에 출하하는 것이 좋다.

　그리고 배추는 재배과정에서의 관수와 시비 등에 따라 수확 시기에 차이가 있어서 결구 전까지는 충분한 관수가 필요하지만 생장 후기에는 관수를 줄여주는 것이 좋은 것으로 알려져 있다. 또한 과도한 질소를 시비한 배추는 병 저항성과 저장성이 떨어지므로 이를 고려해서 바로 출하할 것인지 저장할 것인지 결정하는 것이 좋다.

저장용 배추 숙도 　　　　　 수확 적기 　　　　　 늦은 수확 시기(비대)

〈그림 3-1〉 저장용 배추 수확 시기

02 수확 시간

배추는 날씨가 맑은 날에 수확 작업을 해야 한다. 비가 와서 물기가 많이 묻어 있으면 저장 중에 부패가 촉진되므로 저장용 배추는 비오는 날에 수확하지 않도록 하고, 비가 많이 왔을 경우 2~3일 지난 후에 수확하는 것이 바람직하다.

또한 계절별로 수확 시간대가 상이해야 한다. 늦봄배추와 여름배추는 기온이 낮은 새벽에 일찍 수확을 마치도록 하며, 특히 고랭지에서의 7~8월 수확은 생육기간이 짧고 수확 후의 고온이나 과습 때문에 구의 부패가 많이 생길 수 있어 수확 직후 품질 및 선도유지에 힘써야 한다. 가을배추는 수확 시간대가 저장성에 크게 영향을 끼치지 않지만 아주 높은 온도와 이슬이 많이 맺힌 시간을 피하도록 한다. 겨울배추는 배추 겉잎이 얼어있거나 물기가 많을 수 있기 때문에 아침보다는 배추가 마르기 좋은 낮에 수확하도록 한다.

봄배추

여름배추

가을배추

겨울배추

〈그림 3-2〉 배추 재배작형

03 수확 작업

장기 저장용 배추를 수확할 때는 벌어져있는 겉잎 5~6매를 먼저 제거하고, 흙이 배추에 묻지 않도록 한다. 김치 가공용 배추는 8~9개 외엽을 제거하기도 하는데 장기 저장에는 적합하지 않다.

보통 배추 밑부분을 칼로 절단하여 수확하는데 이때 지나치게 깊게 절단하여 여러 배추 잎이 쉽게 떨어지지 않도록 주의한다.

저장용 배추 외엽 제거　　　　　　저장용 배추 수확 후(5-6매 외엽제거)

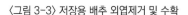

〈그림 3-3〉 저장용 배추 외엽제거 및 수확

8-9매 외엽 제거　　　　　　김치 가공용 배추 수확 후(장기 저장은 적합하지 않음)

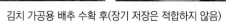

〈그림 3-4〉 단기 저장 및 김치 가공용 배추 절단

수확 작업이나 밭에서의 건조작업 시에는 플라스틱 상자나 그물망에 포장하는데, 이때 플라스틱 상자에 지나치게 많은 양의 배추를 담아 압상이 크게 나지 않도록 주의한다. 그물망도 배추 크기에 적합한 것을 사용하고 수확할 때 작업자가 깨끗한 고무장갑이나 면장갑을 끼고 1회용 위생고무장갑을 덧대서 착용하여 작업하는 것이 올바르다. 그리고 가을배추 및 겨울배추는 수확하면서 배추를 바로 포장하는 것보다 겉잎이 다소 마를 때까지 밭에 놓아두고 절단한 순서대로 포장하는 것이 좋다.

수확(고무장갑 착용)   배추 건조   배추 포장

〈그림 3-5〉 배추 수확 후 밭에서의 건조 및 포장

수확할 때 사용하는 칼이 토양에 접촉하면 미생물에 오염될 수 있으므로 주의해야 한다. 칼날이 무디면 절단면의 상처가 심해져 부패를 촉진할 수 있으므로 칼날을 갈아주어 사용한다. 칼은 수확 중간에 염소수나 소금물 등에 담가서 소독하는 것이 좋다.

배추 수확   배추 수확용 칼   칼 소독

〈그림 3-6〉 배추 수확용 칼 및 칼 소독

배추 수확 후 포장용기로는 플라스틱 상자나 그물망을 이용한다. 배추를 플라스틱 상자에 포장할 때에는 팔레트 작업을 위해 동일한 크기의 상자를 사용하고, 그물망에 포장할 때에는 배추 크기에 적합한 것을 사용한다. 그물망 포장은 바로 출하하거나 단기 저장할 때 적합하다. 장기 저장 배추는 플라스틱 상자를 사용한다. 그리고 배추 포장 상자에 흙이나 동물 배설물 등 오염을 일으킬 수 있는 이물질이 묻어 있지 않도록 정기적으로 깨끗이 세척·건조하여 사용하는 것이 좋다. 배추 상자를 세척할 때에는 물로 1차 세척한 다음 염소수 등을 사용하여 추가로 세척한 상자를 사용하는 것이 바람직하다.

관행 포장 상자   세척 포장 상자   포장 상자 세척 및 건조

〈그림 3-7〉 배추 포장 상자 세척 및 건조

04 배추 저장고로 수송

배추 수확 후 저장고로 수송할 때에는 온도가 높지 않도록 관리한다. 이때 햇빛에 노출되지 않도록 주의한다. 늦봄배추와 여름배추는 수송 온도가 품질에 크게 영향을 미치므로 냉장차를 이용하면 좋지만, 부피가 많이 나가는 배추를 냉장차를 이용하여 수송하기에는 비용 부담이 커 일반 트럭을 이용하는 경우가 많다.

일반 트럭을 이용할 때에는 가능한 한 온도가 낮은 시간에 수송하도록 하고, 배추 수송 시에 햇빛을 받지 않도록 차광망을 덮어준다. 그리고 늦은 봄에서 여름철 사이에 그물망 포장을 하는 경우 배추에서 물이 흐를 수 있어 신문지 등 흡습제를 층마다 깔아준다. 이때 주의해야 할 사항은 배추를 상차하기 전에 차량에 동물의 배설물이나 음식 찌꺼기 등의 오염 물질이 없도록 해야 한다는 것이다. 플라스틱 상자에 포장한 경우 지게차를 이용하여 팔레트에 있는 배추를 저장시설로 옮기면, 외부 환경에 노출되는 것을 줄일 수 있고 수송 중 발생하는 쓰레기도 줄일 수 있다. 이때 배추 이외에 다른 농산물이 혼입되지 않도록 주의하고 비가 오는 경우에는 비를 맞지 않도록 장치가 되어 있는 수송 차량을 이용한다.

가을, 겨울배추 수송

봄, 여름배추 수송

여름배추 냉장차 수송

〈그림 3-8〉 배추 수송방법

05 예냉 및 건조(예조)

　예냉은 배추의 품온을 빨리 낮추어 유통과정 중 호흡에 의한 성분변화, 증산에 의한 위조, 변색, 연화, 부패 발생 및 영양성분 손실을 억제하는 효과를 갖게 하고 저장성을 높이는 효과가 있다. 배추 예냉 적용은 주로 온도가 높은 계절에 수확하는 늦봄배추나 여름배추에 사용하고, 가을배추와 겨울배추에는 그 효과가 크지 않다. 가을배추는 차압 예냉 시 6~12시간 내에 5℃ 이하로 낮출 수 있어 여름배추보다 품온은 빨리 낮아지나 선도유지 효과가 크지 못하다. 비교적 기온이 높을 때 수확하는 봄배추와 여름배추는 예냉을 적용할 때에 선도유지 효과가 매우 우수하다. 배추 예냉 방법으로는 진공 예냉과 차압 예냉이 있다. 진공 예냉은 빠른 시간 내에 품온을 낮출 수 있지만 비용 등을 감안하면 차압 예냉을 활용할 수 있다.

　배추 수확 후 온도를 떨어트리기 위해 저온저장고를 이용하는 경우에는 배

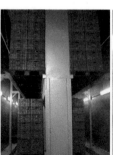

예냉실 입고　　　　차압 예냉　　　　예냉 완료　　　　예냉 온도

〈그림 3-9〉 배추 차압 예냉

추 잎이 겹겹이 결구되어 있고 부피가 커서 배추의 품온을 낮추기에 효과적이지 않다. 그러나 저온저장시설을 이용할 때 팬으로 겉잎을 다소 건조시켜주면 저장성을 연장시키는 데 도움이 된다. 따라서 차압 예냉 시설이 없는 경우에는 신속하게 온도가 낮은 곳으로 배추를 이동하여 온도를 떨어트려서 건조시키는 것이 바람직하다.

배추를 장기간 저장하기 위해서 저장고 입고 전에 외엽과 배추 아래 부분의 절단면을 건조해주면 수확 시 마찰과 충격에 의한 상처를 줄일 수 있고 병 저항성을 높이는 데 도움이 된다. 건조 방법은 여러 가지가 있는데, 자연 통풍을 이용하는 방법은 비가 들어오지 않는 곳에서 차광막을 이용하여 직사광선에 의한 온도 상승을 막고 통풍이 잘되는 곳에서 상자 간 간격을 유지하는 방법이다. 자연적인 통풍이 어려운 경우 대형 선풍기를 이용하여 1~2일 정도 건조해주는 것이 좋다. 이때 늦봄배추와 여름배추는 온도가 낮은 곳에서 건조해주는 저온 예건(예조) 방법을 저장 전 5~10℃에서 실시한다. 이때 배추가 건조해져서 초기의 중량에 비해 중량이 2~3% 감소하는데 외부 겉잎과 절단면에 수분이 많지 않도록 건조시켜야 한다.

저온(5~10℃) 예건   실내 예건   저장고 작업장에서 건조

〈그림 3-10〉 배추 저장 전 건조 방법

06 저장

　배추의 저장조건은 -0.5~2℃(가을배추 0℃, 월동배추 -0.5~0℃, 봄배추와 여름배추 0~2℃)의 온도와 상대습도 90~95%가 적합하지만 품종 및 생육기간에 따라 차이가 있다. 직접 냉장 방식을 쓰는 저온저장고 내의 습도는 가습을 하지 않는 한 대체로 70~80%의 낮은 상대습도이기에 배추가 쉽게 마를 수 있으므로 가능한 한 상대습도를 높게 유지하도록 한다. 배추 저장 중 환기가 불량하면 생리장해와 부패 발생이 촉진될 수 있다. 특히 호흡량이 많은 여름 배추의 경우 환기에 신경 써야 한다. 환기는 가능한 한 배추 저장온도와 적게 차이가 나는 시간에 하는 것이 좋다.

　배추 저장 시에 필름커버를 이용하여 저장하면 저장 중 적정 습도 유지가 가능해 배추의 신선도를 연장할 수 있다. 이때 기체/습도조절(MA/MH, Modified Atmosphere/Modified Humidity) 포장필름을 사용하면 필름 내부에 결로 발생이 적어 효과적이다. 그러나 MA/MH 포장필름은 국내 생산이 아직 안 되어 실용적인 사용에 어려움이 있으므로, 미세구멍(약 1mm 크기, 7.5~10mm 간격)이 있는 20μm 고밀도 폴리에틸렌(HDPE) 필름을 포장 상자에 이용하거나 비교적 커다란 구멍(약 지름 30mm)이 있는 저밀도 폴리에틸렌(LDPE) 필름을 이용하여 팔레트에 적재된 배추 상자를 씌워주면 습도 유지가 가능해 신선도 유지에 도움이 된다. 그러나 이러한 필름을 사용할 때에는 과습을 주의해야 하므로 저장하자마자 바로 사용하지 않고 일정 기간이 지난 후에 사용해야 부패를 방지할 수 있다.

MA/MH 필름(중앙)　　　　　미세천공필름　　　　　미세천공필름 배추 저장

〈그림 3-11〉 배추 필름커버 이용 상자 MA포장

07 출하 전 품질관리

 배추는 장기간 저장 시 저온장해 피해를 받기 쉽다. 이때 승온 처리를 하게 되면 이러한 증상을 일부 감소시킬 수가 있다. 배추를 저온에서 장기간 저장하면 저온 때문에 배추 겉에서부터 안으로 줄기를 형성하여 흰색의 중륵이 갈색으로 나타나는 수침증상이 발생한다. 이러한 저온장해가 내엽 중심부까지 심하게 진행되면 상품성이 크게 낮아지지만 겉에서부터 3~5잎까지는 출하 전 승온처리를 통해 해결이 가능하다. 승온 처리는 0~1℃에서 장기 저장한 배추를 출하 전에 온도를 3~4℃로 올려 1~2일 보관하여 저온장해 증상을 없애는 것을 말한다.

 배추의 저장기간은 관행적인 방법으로는 봄배추, 여름배추, 가을배추, 월동배추의 경우가 각각 45일, 30일, 3.5개월, 3개월이다. 그러나 수확 후 적절하게 관리를 해준다면 위의 저장기간보다 배추의 신선도를 연장할 수 있다. 여름배추의 경우 70일, 가을배추는 4개월까지 저장이 가능해진다.

| 저장 중 저온장해 | 승온 처리 전 | 승온 처리 후 |

〈그림 3-12〉 배추 저온장해 및 승온 처리 효과

〈표 3-1〉 배추 재배 작형별 저장기간

구분	봄배추(일)	여름배추(일)	가을배추(일)	겨울배추(일)
관행 저장	40~50	30~40	90~100	80~90
수확 후 관리 기술 투입	70~80	60~80	120~130	105~120

08 배추 저장고 관리

　배추 저장 시 사용하는 상자 및 저장고의 청결도에 따라 배추의 부패 정도가 달라진다. 오랫동안 세척하지 않은 포장 상자에 배추를 저장하거나 저장고가 소독되지 않은 불량한 환경에서는 배추의 부패가 빨라진다.

　배추 저장고는 저장고 내의 온도변화가 심하지 않도록 관리한다. 출입문에는 조류, 설치류와 가축들의 접근을 막는다. 배추는 선입선출이 가능하게 적재하고 팔레트 등을 이용해 바닥과 벽으로부터 배추를 떨어뜨려 보관한다. 배추를 담아 쌓아 둔 포장상자는 손상이 없고 공기가 적절하게 순환하도록 일정한 높이와 간격을 유지해서 적재한다. 저장 중에 과습과 부패 및 오염이 되지 않도록 저장시설이나 필름커버 등에 흙, 먼지, 배설물 등의 이물질이 없도록 한다.

누구나 재배할 수 있는 텃밭채소 무·배추

1판 1쇄 인쇄 2023년 04월 05일
1판 1쇄 발행 2023년 04월 10일
저   자 국립원예특작과학원
발 행 인 이범만
발 행 처 **21세기사** (제406-2004-00015호)
경기도 파주시 산남로 72-16 (10882)
Tel. 031-942-7861   Fax. 031-942-7864
E-mail : 21cbook@naver.com
Home-page : www.21cbook.co.kr
ISBN 979-11-6833-076-4

정가 19,000원

이 책의 일부 혹은 전체 내용을 무단 복사, 복제, 전재하는 것은 저작권법에 저촉됩니다.
저작권법 제136조(권리의침해죄)1항에 따라 침해한 자는 5년 이하의 징역 또는 5천만 원 이하의
벌금에 처하거나 이를 병과(倂科)할 수 있습니다. 파본이나 잘못된 책은 교환해 드립니다.